检测与计量研究

郭 勇 朱全铭 罗 维 ◎著

吉林科学技术出版社

图书在版编目（CIP）数据

检测与计量研究 / 郭勇，朱全铭，罗维著. -- 长春：
吉林科学技术出版社，2022.9
ISBN 978-7-5578-9701-7

Ⅰ．①检… Ⅱ．①郭… ②朱… ③罗… Ⅲ．①计量学
—研究 Ⅳ．①TB9

中国版本图书馆 CIP 数据核字 (2022) 第 177760 号

检测与计量研究

著	郭　勇 朱全铭 罗　维	
出 版 人	宛　霞	
责任编辑	王凌宇	
封面设计	金熙腾达	
制　版	金熙腾达	
幅面尺寸	185mm×260mm	
开　本	16	
字　数	260 千字	
印　张	11.5	
印　数	1—1500 册	
版　次	2022 年 9 月第 1 版	
印　次	2023 年 3 月第 1 次印刷	

出　　版　吉林科学技术出版社
发　　行　吉林科学技术出版社
地　　址　长春市净月区福祉大路 5788 号
邮　　编　130118
发行部电话/传真　0431-81629529　81629530　81629531
　　　　　　　　　81629532　81629533　81629534

储运部电话　0431-86059116

编辑部电话　0431-81629518
印　　刷　三河市嵩川印刷有限公司

书　　号　ISBN 978-7-5578-9701-7
定　　价　70.00 元

前　言

计量工作是支撑经济科技发展、社会和谐进步的一项重要基础工作。在当前科学发展、和谐发展、低碳发展已成为时代主题，质量、效益和安全决定着每一个单位、每一个组织命运的大背景下，全球化进程不断加快，市场化竞争加剧升级，社会各界对计量工作重要性的认识不断加深，各级政府、相关部门、企事业单位对计量工作的定位更加准确，从而进一步夯实了计量工作的基础地位，全方位推动了计量管理和计量技术进步，计量工作在保障经济社会发展中的重要作用日益凸显。

近年来，随着国内市场经济秩序和市场化运作机制的逐步完善，要求计量管理过程更加规范，计量检测过程更加精细。同时，全球高新技术的发展和进步，推动计量检测技术朝着尖端、量子、实时方向快速发展。计量管理方式需要不断优化改进，计量技术能力需要不断更新提升，才能有效保证计量工作的效率和水平，适应市场经济发展的新要求。

计量是关于测量的科学，它涉及测量理论、测量技术和测量实践等多个领域。检测与计量是国民经济建设中一项重要的技术基础。随着我国社会主义市场经济的深入发展，计量工作在经济、科技和国际贸易中的重要作用日益显著。本书较系统地介绍了量子计量学基础、测量设备的管理、电磁式热量表的校准、光辐射计量与测试、光电图像检测技术与系统及常用的专业计量技术等方面的检测与计量技术。本书语言简洁，知识点全面，结构清晰，对检测与计量进行了全面且深入的分析与研究，充分体现了科学性、发展性、实用性、针对性等显著特点，希望其能够成为一本为相关研究提供参考和借鉴的专业学术著作，供人们阅读。

由于编写时间仓促以及计量技术的不断发展，书中难免有不足或者错误之处，诚恳希望读者给予批评和指正，以便我们提高水平，把更好、更新的内容呈献给大家。

作者

目　录

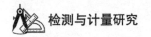

第一章　量子计量学基础

随着科学技术的快速发展，基于经典物理学发展起来的计量学初期已逐渐不能满足工农业生产和科学研究工作的需要。这主要是因为基本单位的计量基准是一些具体的宏观实物。由于一些不易控制的物理和化学过程的影响，这些实物基准所保存的量值会发生缓慢变化。因此，为七个基本单位寻找更加稳定、准确、易于保存和复现的定义是计量科学家们共同面临的基本研究命题。

第一节　波粒二象性

量子物理学的光辉成就为计量科学提供了飞跃式发展的机会。它通过基本定理或基本物理常数将宏观计量和微观量子现象相联系，为进一步提高基本单位计量准确性提供了理论和实验依据，逐渐形成了以量子物理学和计量学相结合的量子计量学。它的研究内容为利用量子现象来复现计量单位，建立计量基准，使之由实物基准向量子基准过渡。到目前为止，在七个基本单位中，除质量单位千克（kg）以外的其他六个基本单位均已经直接或间接实现了量子基准，量子计量基准是基于一种物理实验装置，可以在任何时间、任何地点重复建立，量值复现的准确性也获得了大幅提高。

一、普朗克的能量子假说

任何物体在任何温度下发射电磁波的现象称为热辐射。同时，任何物体在任何温度下都会吸收和反射外界射来的电磁波。为了系统地研究物体的发射、吸收和反射电磁波的规律，类似动力学中的质点，人们设想有一种理想物体，它能全部吸收外来各种波长的电磁辐射，而当它被加热时，它又能最大限度地辐射出各种波长的电磁波。这种理想物体被称为黑体。现实情况下，一个由任何材料构成的、绝热的、开有一个小孔的空腔就可以认为是一种良好的黑体模型。这是因为进入小孔的电磁辐射，要被空腔壁多次吸收和反射，以至于射入的电磁辐射基本上不会再从小孔中逃逸出来（如图 1-1 所示），而当空腔受热时，空腔会发出电磁辐射。

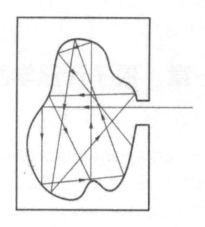

图 1-1 黑体的实际模型

实验发现，黑体辐射含有多种频率成分，而且不同频率成分的电磁波的强度也不同，并且辐射能量与波长的关系只随黑体的温度而变化，而与空腔的形状和制作空腔的材料无关。

许多物理学家试图从经典电磁理论、经典热力学和统计物理学出发，对黑体辐射的频率分布做出说明，但是都未能如愿，甚至得到了与实验不符的结果。其中最具代表性的是瑞利－金斯公式。他们把分子物理学中能量按自由度均分的原理用于电磁辐射理论，得到的辐射能量公式在长波处接近实验结果，而在短波处和实验明显不符，特别在短波（高频）区域包括紫外以至 X 射线、γ 射线，其理论显示，随着频率的增高而有更高的辐射强度，甚至是趋于"无限大"。这就是物理学上所谓的"紫外灾难"。

二、爱因斯坦的光量子假说

光量子概念很好地解释了光电效应现象。

当合适频率的入射光透过石英窗射向金属电极 K 时，电极将发射具有一定动能的电子。在该电极 K 与电极 A 间施加电压 U，可在检流计中检测到光电流。这就是光电效应。

这个实验显示：每种金属都有一固定的频率 v_0，称为截止频率（也称红限）。只有当入射光频率大于或等于 v_0 时，才会有光电流产生，否则，无论光强度多大，都不会产生光电流。光电流强度和入射光强度成正比。光电子动能和入射光频率成线性增长关系，而与入射光强度无关。当入射光的频率大于截止频率时，只要光照射金属表面即可产生光电子，无须积累时间。

经典光电磁理论在解释上述结论时遇到了极大的困难。这主要表现在，经典光电磁理论认为光的能量应由光的强度决定，即由光的振幅决定，与光的频率无关，而光的频率只决定光的颜色。光电流是金属内电子吸收入射光能量后逸出金属表面所产生的，因此，光电流是否产生，以及产生后光电子的动能大小都应当由光强度决定。另外，按照经典理论，电子逸出金属所需的能量需要一定的时间来积累。

光既具有波动性，又具有粒子性，即光具有波粒二象性。

光的波动性：在空间表现出干涉、衍射和偏振等波动现象，具有一定的波长、频率，由频率、波长和振幅三个物理量来描述。

光的粒子性：光子具有集中的不可分割的性质，一颗光子就是集中的不可分割的一颗，它具有能量、动量，由能量、动量和数量来描述。

光的波动性和粒子性之间是统一的，光作为电磁波是弥散在空间而连续的，某处明亮则某处光强大，即 I 大；光作为粒子在空间中是集中而分立的，某处明亮则某处光子多，即 N 大。

三、德布罗意物质波的概念

光的本性的研究一直在波动说和粒子说之间的争论中发展。凡是与光的传播有关的各种现象，如衍射、干涉和偏振，必须用波动说来解释，凡是与光和实物相互作用有关的各种现象，如实物发射光（如原子光谱等）、吸收光（如光电效应、吸收光谱等）和散射光（如康普顿效应等）等现象，必须用光子学说来解释。波粒二象性的概念是人类对物质世界认识的又一次飞跃，为量子物理的发展奠定了基础。实物粒子对应的这种波叫作德布罗意波，或者物质波。

四、薛定谔波动方程

经典物理学已经告诉我们，宏观实物粒子的运动状态通过粒子的坐标和动量等力学量来描述，运动状态的变化遵从牛顿力学，经典波的运动状态通过波动的振幅来描述，其运动状态的变化遵从波动方程。对于微观的粒子，它的物质波通过什么物理量来描述？其运动状态的变化遵从什么理论方程？这一点由奥地利物理学家薛定谔给出了答案。表1-1分列了宏观粒子、机械波和物质波对应的量和遵从的方程。

表1-1 宏观粒子、机械波和物质波对应的量和遵从的方程

描述对象	描述对象运动状态的量	描写方程
宏观粒子	位置、动量等力学量	牛顿动力学方程
机械波	振幅	波动方程
物质波	波函数	薛定谔方程

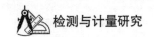

定态波函数是不随时间变化的，描述的是粒子的稳定状态，其能量 E 有确定值。

薛定谔的波动力学提出以后，人们普遍感到困惑的是波函数的物理意义还不明确。人们发现物质波的物理意义与机械波（水波、声波）及电磁波等不同，机械波是介质质点的振动，电磁波是电场和磁场的振动在空间传播的波。那么，物质波的本质是什么呢？有一种观点认为，波动是粒子本身产生出来的，有一个电子就有一个波动。因此当一个电子通过晶体时，就应当在底片上显示出一个完整的衍射图形。而事实上，在底片上显示出来的仅仅是一个点，无衍射图形。另一种观点认为，波是一群粒子组成的，衍射图形是由组成波的电子相互作用的结果。但是实验表明，用很弱的电子流，让每个电子逐个地射出，经过足够长的时间，在底片上显示出了与较强的电子流，在较短时间内电子衍射完全一致的衍射图形。这说明电子的波动性不是电子间相互作用的结果。再比如，在电子衍射实验中若将加速后的电子一个一个地发射，发现各电子落到屏上的位置是不重合的，也就是说电子的运动是没有确定轨迹的，不服从经典力学物体的运动方程。当不断发射了很多电子以后，各电子在屏上形成的黑点构成了衍射图像，这说明大量粒子运动的统计结果是具有波动性的。当电子数不断增加时，所得衍射图像不变，只是颜色相对加深，这就说明波强度与落到屏上单位面积中的电子数成正比。

第二节　原子结构理论

自发现电子并确定它是原子的组成粒子以后，物理学的中心问题之一就是探索原子内部的奥秘。在这个过程中，人们逐步弄清了原子的结构及其运动变化的规律，加深了波粒二象性的认识，丰富了描述分子、原子等微观系统运动规律的理论体系——量子物理学。量子物理学是近代物理学中的一大支柱，有力地推动了一些学科（如化学、生物等）和技术（如半导体、核动力、激光等）的发展。

一、巴尔末的光谱辐射公式

当光和电磁波被断言为同一性质以来，电磁学发展非常迅速，至今已经形成了比较完备的理论体系。

光谱是电磁辐射信息的记录，其中每一部分的明暗程度显示了强度信息，每一部分的色彩和传播特性显示了它的波长信息。自然界当中的光谱从形状上大致可分为下面三类：

线状光谱：谱线是明锐的、清楚的，表示波长的数值有一定的间隔。经研究，这类光谱是所有物质的气态原子（而不是分子）辐射的。每一种原子有它特定的线状光谱。

带状光谱：谱线是分段密集的，每段中相邻波长差别很小，如果摄谱仪分辨本领不高，密集的谱线看起来是并在一起的，整个光谱好像是由许多段连续的带组成的。经研究，它是由没有相互作用的或相互作用极弱的分子辐射的。

连续光谱：谱线的波长具有各种值，而且相邻波长相差很小，或者说是连续变化的。如太阳光是连续光谱。实验表明，连续光谱是由固态或液态的物体发射的，而气体不能发射连续光谱。液体、固体与气体的主要区别在于它们的原子间相互作用非常强烈。

光谱谱线构成一个很有规律的系统，谱线的间隔和强度都向着短波方向递减。人们认识到线状光谱与光源的化学成分以及光源的激发方式有密切关系，大家都企图通过对线状光谱的分析来了解原子的特性，以及探索原子结构。但是，限于当时的科技水平，很多结果堆在一起显得非常混乱。另外，所有的资料之间没有一个理论规律。所以物理学家的重要任务是整理这些浩繁杂乱的资料，找出其中的规律，对光谱的成因，即光谱与物质的关系做出理论解释。

力学系统在物理领域占有绝对地位，因此，物理学家往往习惯于用力学系统来处理光谱问题，摆脱不了传统观念的束缚，以至于物理学家对于光谱的研究出现了悲观思想，反而让数学领域的学者在光谱规律的研究上首先打开了突破口。

二、卢瑟福的原子核式模型

光谱的发射似乎与电子的行为有着密切的关系。既然原子是可分的，由于电子是带负电的，而正常原子是中性的，所以在正常原子中一定还有带正电的物质，这种带正电的物质在原子中是怎样分布的呢？正电荷具有什么性质？正负电荷之间的相互作用如何？原子内部究竟有多少电子？电子的数目如何确定？怎样才能保持原子的稳定状态？进而怎样解释线状光谱？这些问题是对光谱的发射和其他原子现象做出正确解释的关键所在。面对这些问题，物理学家根据自己的实践和见解从不同的角度提出了各种不同的原子结构模型。

（一）长冈半太郎的土星模型

长冈半太郎根据麦克斯韦的土星卫星理论推测了原子结构模型，同时基于经典电磁学计算了电子运动和光谱的关系。其实，原子的有核模型由来已久，但是由于它没有获得充分的证据，同时，它无法满足经典物理学提出的稳定性要求，所以长冈的理论提出不久就遭到众人驳斥。当然，历史证明，虽然这个结构的理论不是很完善，但是实际上他已经提出了原子核的概念，为后来卢瑟福的有核原子结构模型开辟了道路。

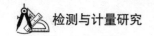

（二）里兹的磁原子模型

研究原子光谱的过程中提出，从已知光谱规律来看，这些规律仅仅涉及频率，可见，电子所受作用力不是与其位移成正比，而是与其速度成正比。根据电磁理论，这种情况正好与电荷在电磁场中运动的情况相当。由此里兹提出一个假说，光谱谱线的频率取决于磁场作用力。里兹根据电磁理论，进一步推测分子磁棒是由圆柱形的电子沿轴旋转形成的。

（三）汤姆逊的实心带电球模型

经过对原子结构长期的研究，开尔文于 1904 年发表了他的原子模型。他设想原子的带正电部分是一个原子那么大的、具有弹性的、冻胶状的球，正电荷均匀分布着，在这球内或球上，有负电子嵌着。电子一方面要受正电荷的吸引，一方面又要自相排斥，因此，必然有一种状态可使电子平衡，他运用经典力学理论，根据电荷之间的平方反比作用力，进行了大量计算，求证电子稳定分布所应处的状态。汤姆逊认为，这些电子在它们平衡位置上所做简谐振动的频率就是观察到的原子所发光谱的各种频率。

汤姆逊的原子模型最重要的贡献是能够确定原子内的电子数。但是，汤姆逊模型的根本困难在于：一方面要满足经典理论对稳定性的要求，一方面要能解释实验事实，而这两方面往往是矛盾的。例如，电子为什么不与正电荷"融洽"在一起并把电荷中和掉呢？所以尽管汤姆逊千方百计地改善自己的理论，仍无补于事，最终被卢瑟福的有核原子模型所代替。

（四）卢瑟福的有核原子模型

卢瑟福在 1898 年研究放射性时发现 α、β 射线，并经过多年工作，在 1908—1909 年证明 α 粒子就是氦离子 He^{2+}。他的学生马斯登在协助实验中发现了 α 射线大角度散射的惊人结果，即 α 粒子受铂的薄膜散射时，绝大多数平均只有 2° ~ 3° 的偏转，但有 1/8000 的 α 粒子偏转大于 90°，其中有接近 180° 的。他们在报道中说："α 粒子的漫反射取得了判决性证据。一部分落到金属板上的 α 粒子方向改变到这样的地步，以至于重现在入射的一边。"统计结果为"入射的 α 粒子中每 8000 个粒子有一个要反射回来"。

当卢瑟福知道这个结果时，感到实在难以置信，因为这无法用汤姆逊的实心带电球原子模型和散射理论解释。即使用汤姆逊后来提出的多次散射理论，也只能定性地说明这一反常现象，计算上所显示的多次散射返回来的概率在量级上比 1/8000 的结果相差太远了，小到微不足道，即不可能有 α 粒子的大角散射。

经过数学推算，证明"只有假设正电球的直径小于原子作用球的直径，α 粒子穿越单个原子时，才有可能产生大角度散射"。由此，卢瑟福提出了原子的核式结构：原子中心有一带电的原子核，它几乎集中了原子的全部质量，电子围绕这个核转动，核的大小与整个原子相比很小。例如，氢原子的电子质量占原子质量的 1/1873。原子的半径约为 10^{-10} m 量级，而原子核的线度为 $10^{-14} \sim 10^{-15}$ m 量级。

虽然原子的核式模型非常好地解释了 α 粒子散射实验，但是它却面临与经典理论相矛盾的危险，主要有以下两方面：

1. 原子的稳定性问题

按照经典电磁理论，凡是做加速运动的电荷都会发射电磁波，那么，电子绕原子核运动时就应不断发射电磁波，它的能量要不断减少，因此电子就要做螺旋线运动来逐渐趋于原子核，最后落入原子核上（以氢原子为例，电子轨道半径为 10^{-10} m，大约只要经过 10^{-10} s 的时间，电子就会落到原子核上），这样，原子就不稳定了，但实际上原子是稳定的，这无疑是一个矛盾。

2. 原子光谱的分立性问题

按经典电磁理论，加速电子发射的电磁波的频率等于电子绕原子核转动的频率，由于电子做螺旋线运动，它转动的频率连续地变化，故发射电磁波的频率也应该是连续光谱，但实验指出，原子光谱是线状的，这无疑又是一个矛盾。

第三节 冷原子物理

物理学的基本任务就是研究物质运动和变化的最一般规律，以及物质的基本结构。为了开展研究，就要对研究对象进行细致的观察和测量。要了解原子和分子的结构，理应把它们摆在面前，做精细的考察。但是，实际上这是不可能的。因为一般温度下，研究对象都在做高速运动。由气体分子运动论可知，气体温度与分子速率有关。以空气中的氢原子为例，室温下平均约以 2 km/s 的速率运动，即使原子被冷却至 3K（− 270 ℃），它们仍然以约 200 m/s 的速率运动，这样高速运动的粒子如同过眼烟云，不可捉摸，难以观察；对它们进行测量，必然因多普勒效应而误差很大。另外，高速运动还会引起气体原子间的频繁碰撞，在它们相互接近的瞬间，彼此有极大的相互作用，从而改变了原子的固有性质，这对研究原子结构、特性，以及运动和变化的规律非常不利。因此，物理学家一直追求一种能够得到基本静止不动而又没有和其他原子相互作用的孤立原子样品，而这只能在温度接近绝对零度的条件下才能有可能。但是，平常方法在使物体在降低温度的时候会发生相变，即从气体变成液体，进而变成固体，而在液体和固体中，原子之间有强烈的相互作用。

激光冷却和陷俘技术的一个显著特点就是在极端低温下，即使到了纳开量级，原来气态物质仍然维持着气态，原子之间碰撞概率非常低，基本处于孤立状态。这是一种对开展原子分子科学研究特别理想的状态，为人类精确、细密地了解物质的微观结构与形成机理开辟了崭新的广阔前景，使科学家对此竞相追逐。

时至今日，尽管近几年，激光冷却技术所开创的冷原子物理已经经历了一个又一个研究高潮，但其发展不但没有减缓的势头，反而呈现出新成果更新期缩短的趋势，并且出现了更多的机会和更新的研究方向。它和量子光学的结合掀开了现代原子物理学崭新的一页；为原子干涉仪提供了可观测相干的物质波波长样品；为冷原子钟提供了精确的能级结构；为人类控制并利用反物质提供了单原子的俘获及操控技术；为量子计算机提供了量子态操控技术。目前，量子光学和冷原子物理方面的研究正在深度和广度两方面快速发展。这一领域以原子、分子和光子的相关相互作用为基础，在深度上，量子光学和冷原子体系已成为量子调控、波函数工程，以及量子计算和量子信息等新兴技术有效的载体之一；在广度上，冷原子干涉仪、冷原子陀螺等一批原子光学器件正在积极研究中。国际上，冷原子钟等以量子电子学和冷原子物理为核心原理的精密测量装置已经进入星载空间运行的设计和测试阶段。这些基于量子光学和冷原子物理的精密测量装置有望大幅度提高时间测量精度。因此，这方面的技术不仅具有非常重要的基础物理意义，而且对国家有着重大的应用价值，并将对航空航天、授时、通信网络同步、计算机安全、探矿、新能源等应用领域产生重大影响。

综上所述，本小节从光与物质相互作用、光场对原子的作用力、激光冷却技术、粒子囚禁技术和飞秒光梳技术等几方面阐述冷原子物理相关的知识。

一、光与物质的相互作用

激光的问世引起了现代光学技术的巨大变革，促进了现代工业、农业、医学、通信、国防和科学研究等方面的发展。这和激光自身的特点，即方向性好、相干性好和亮度高是分不开的，其内在原因在于激光独特的发光机理和装置。本小节从光与物质相互作用的基本过程讲起，讨论与激光有关的各方面物理基础。

爱因斯坦从光量子概念出发，在重新推导普朗克黑体辐射公式的过程中总结出光与物质（原子、分子等）相互作用的三种不同基本过程：自发辐射、受激辐射和受激吸收，其中的受激辐射过程就是激光器的物理基础。

对于由大量同类原子组成的系统，原子能级数目很多，要全部讨论这些能级间的跃迁，问题就很复杂，也无必要。为突出主要矛盾，只考虑与产生激光有关的原子的两个能级 E_2 和 E_1（$E_2 > E_1$，而且它们满足辐射跃迁选择定则）。这里虽然只讨论两个能级之间的跃迁，使问题大为简化，但并不影响能级之间跃迁规律的普遍性。

（一）自发辐射

由能量最低原理可知，在通常情况下，处在高能级 E_2 的原子是不稳定的。在没有外界影响下，它们会自发地从高能级 E_2 向低能级 E_1 跃迁，同时放出能量为 $h\nu$ 的光子。

$$h_\nu = E_2 - E_1$$

式（1-1）

这种与外界影响无关的、自发进行的辐射称为自发辐射。

自发辐射的特点是每个发生辐射的原子都可看成是一个独立的发射单元，原子之间毫无联系，而且各个原子开始发光的时间参差不一，所以各列光波频率虽然相同，均为 ν，但各列光波之间没有固定的相位关系，具有不同的偏振方向，并且各个原子所发的光将向空间各个方向传播。可以说，大量原子自发辐射的过程是杂乱无章的随机过程。所以自发辐射的光是非相干光。

（二）受激辐射

如果原子系统的两个能级 E_1 和 E_2 满足辐射跃迁选择定则，当受到外来能量为的 $h_\nu = E_2 - E_1$ 光照射时，处在高能级 E_2 的原子有可能受到外来光的激励作用而跃迁到较低的能级 E_1 上去，同时发射一个与外来光子完全相同的光子。这种原子的发光过程称为受激辐射。

受激辐射的特点是：只有外来光子的能量满足频率条件时，才能引起受激辐射；受激辐射所发出的光子与外来光子的特性完全相同，属于同一光子态，即频率相同、相位相同、偏振方向相同、传播方向相同，因而是相干的。如果条件合适，受激辐射的结果就可以使光像雪崩一样得到放大和加强。这是产生激光的基本过程。

（三）受激吸收

光的受激吸收是与受激辐射相反的过程。处于低能级 E_1 的原子受到一个外来光子的激励作用，完全吸收该光子的能量而跃迁到高能级 E_2 的过程，称为受激吸收。其中外来光子的能量满足 $h_\nu = E_2 - E_1$。

当光波经过增益介质时，引起的受激辐射就会大于受激吸收，且粒子数密度的差值越大，相对于吸收来说，受激辐射就越强，光经过增益介质时增长得就越快，这就形成了受激辐射在介质中占主导地位的状态。为了表示介质对光放大能力，通常用增益系数来代表光波通过单位长度路程光强的相对增长率。它指出光能密度随穿过增益介质的路程而按指数规律增长，增益介质越长，最终光能量密度值就越大。

由以上分析可见，要能实现光的放大，第一，需要一个激励能源，用于把介质的粒子不断地由低能级抽运到高能级上；第二，需要有合适的发光介质，即增益介质，它能在外界激励能源的作用下形成粒子数密度反转分布状态；第三，需要有足够长的增益介质，以便获得足够高的光能密度。除此之外，当因增益放大而增加的光能量，除了能够补偿因损耗而失去的部分外，还能有剩余时，光波才能被放大，即增益大于等于总损耗系数。这就是激光器的阈值条件。

对于第一个条件，可以利用力、热、电、光，以及碰撞等各种方式来实现，只要这种方式具有足够大的抽运能力；对于第二个条件，如果选取的激光下能级只是基态，或者是很接近基态的能级，那么，根据玻尔兹曼分布，在常温下激光下能级上的粒子数密度已经很大，上能级几乎是空的，完全靠激励能源把下能级为部分的粒子不停地抽运到上能级上去，造成粒子数密度反转分布，这就要求激励能源有较大的抽运功率。如果选取的激光下能级不是基态，而是在常温下就是一个空能级，那么，激励能源只要抽运一部分粒子到高于这个能级的能级上，即可形成粒子数密度反转状态，此时，激励能源的功率要求就低多了。这种情况就是目前激光能级选取上常说的三能级系统和四能级系统问题。对于第三个条件，由增益系数的定义，得知为了使增益介质中受激辐射占绝对优势，可以用加长增益介质长度的办法来实现。但出于技术和经济上的原因，无法把介质做得很长。所以如果能使增益介质对光的受激放大作用不是仅仅一次，而是多次重复进行，矛盾即可解决。为此，光学谐振腔应运而生。控制因素的影响，主要通过以下两方面来进行：

1. 被动式稳频

利用膨胀系数低的材料制作谐振腔的间隔器；或用膨胀系数为负值的材料和膨胀系数为正值的材料按一定长度配合，以使膨胀互相抵消，实现稳频。这种办法一般用于工程上稳频精度要求不高的情况。当然在精密控温的实验室内，再加上极好的声热隔离装置也可以达到很高的稳定度。

2. 主动式稳频

目前采用的主动稳频方法的基本原理大体相同，即把单频激光器的频率与某个稳定的参考频率相比较。通常，这个参考频率为原子跃迁频率。当激光频率偏离参考频率时，鉴别器就产生一个正比于偏离量的误差信号。这个误差信号经放大后又通过反馈系统返回来控制腔长，使激光频率回到标准的参考频率上，实现稳频。

依据选择参考频率的方法的不同，这种稳频方法又可分为两类。一类方法是直接利用激光器自身增益介质，将其原子跃迁的中心频率作为参考频率，把激光频率锁定到跃迁的中心频率上，如兰姆凹陷法、塞曼效应法、功率最大值法等。这类方法简便易行，可以得到 10^{-9} 的稳定度，能够满足一般精密测量的需要，但是复现度不高，只有 10^{-7}。另一类方法是利用外界原子样品的跃迁频率，把激光频率锁定在这个参考频率上，例如用分子或原子的吸收线作为参考频率，这是目前水平最高的一种稳频方法。

二、光对原子的作用力

要利用光来改变原子的运动状况，无论是减速还是冷却，甚至是囚禁，都要依赖光的力学作用。这种力学作用来源于光的电磁场性质，而且与原子内部状态的变化有关。

由爱因斯坦的光量子理论可知，光子照射到物质上时，物质中的带电粒子就会受到光子的作用而产生能量和动量的变化。由整个光子和物质体系的能量和动量守恒可以导出光子作用下物体表面受到的压强，进而获得光子对物质表面的作用力。

一般的光源对物体产生的光压非常微弱，因此，虽然麦克斯韦已经科学地论证了光压，并且陆续有科学家为此付出艰辛的劳动，但是终究因为没有合适的光源而难以实际应用。激光，因为其单色高亮度，能够和原子发生共振作用而使光压的实际应用迅速崛起。激光对原子显著的机械作用力来源于光与原子间的共振效应，通过原子内部状态的变化来实现外部自由度的变化。众多文献对这种作用的推导进行了详尽的描述，这里只引用相关的结论：静止二能级原子所受的光场力由两部分组成，分别与光场的相位和振幅梯度成正比，其中与光场相位成正比的力称为散射力，与光场振幅梯度成正比的力称为偶极力。

（一）散射力

又称自发辐射力或者耗散力。

可以非常明确地知道散射力的物理意义：原子共振跃迁概率乘以一个光子的动量族。因此，散射力是单位时间内原子得到的光子总动量。因此，这个力的方向与光子动量的方向相同。

散射力产生的过程描述如下：原子在与之共振的激光的作用下被激发，从基态跃迁至高能态；而激发态上的原子是不稳定的，它会通过自发辐射回到基态，同时放出光子。如果条件满足，随后，它又会经过这样的吸收—自发辐射过程。在这个吸收—自发辐射过程中，吸收的光子永远是定向的，即吸收的动量是定向的；自发辐射的光子是随机的，原子由此得到的反冲动量也是随机的。经研究，碱金属原子在共振光作用下，每秒可发生多达

108 次的吸收—自发辐射过程。这样高的循环下，有理由认为"自发辐射产生的原子动量变化平均为零"。当然，从微观上讲，这种自发辐射将使原子产生动量变化的涨落。这是冷却极限的根源。这种大量的吸收—自发辐射过程中所形成的定向动量的有效累积和随机动量的统一就是散射力的根源。

从上述过程中可以看出，原子和光场系统的能量通过吸收光子而转向自发辐射场（真空场）。这个过程对原子和光场系统来说，不断有能量耗散。因此，散射力又称耗散力，实际上就是辐射压力。

（二）偶极力

一个静止的原子处在激光强度最小值的左侧，它首先从激光束中吸收一个从左至右传播的光子，然后被由右至左传播的激光激发回到基态并向左侧放出一个光子。因此，它获得了两倍的反冲动量，其方向是指向左侧的。原子吸收光子并受激放出光子的过程不断循环直到它越过激光强度的最低处，而后两列激光对原子作用力恰好相反，原子获得的反冲动量方向指向右侧，于是原子就在激光强度最小值的地方往复运动直至跑出激光驻波场为止。

实际上，所有原子都处于运动状态，原子"看到"激光频率会发生多普勒频移，这个多普勒频移将会使激光频率相对于原子获得一个有效失谐量。这样，上述静止情况下的光场作用力在有效激光失谐量条件下就变换为运动情况下的光场力。这就是多普勒冷却的根源，即只有当原子运动方向与光束方向相反，激光频率调得低于原子共振频率时，光才能对运动原子有显著的减速作用。

三、激光冷却技术

温度本身是大量原子集体作用的宏观参量，对于单个原子来说没有意义。不过，由于热平衡时温度与原子的平均平动动能成正比，而平均平动动能又与原子的方均根速率成正比。这里激光的作用引起的是原子速度的降低。因此，为了描述方便，仍然借用温度这个词来描述原子速度的变化。

原子最终是否会减速到零，进而温度是否会趋于绝对零度呢？这是显然不可能的。光与原子之间存在相互动量交换：原子因为吸收了"对头碰"的光子动量而减速；在自发辐射光子时，又在光子的反方向得到一个反冲动量。尽管后者因为各向同性，在大量的吸收—自发辐射动作后平均动量为零，但是微观上讲原子在动量空间中是做无规则运动的，进而速度是存在涨落的，会随着散射次数线性增加。这个平均值与原子的温度相对应，即原子温度与其速度平方平均值成正比，这就意味着"加热"。因此，三维冷却的原子团的最终温度取决于减速冷却与加热的平衡。

四、粒子囚禁技术

在三维空间中，在光子作用下，原子在坐标空间也进行着无规则扩散运动，不断改变着自己的位置。这种状态非常像阻尼力的作用，扩散的速度是很慢的，原子要走出六束激光交会的区域需要的时间远较"自由"运动原子穿过该区域的时间来得长。此介质是黏性非常强的光子"海洋"，原子一边被减速，一边被粘住，难以逃脱激光束的囚禁。这样，原子就被有效地囚禁在这个交会区内。当时朱棣文把六束激光交会处的这团原子和光子集合体叫作"光学黏团"。

前面玻尔能级理论已经说明原子处于一定的能级状态，能级的跃迁就是原子吸收和发射光子的过程。原子的能级是一定的，它吸收和发射光子的频率也是一定的。假定一个原子处于弱的激光场内，若激光频率稍低于原子共振频率，当原子不动时，原子将不会和这束激光相互作用。但当原子运动时，由于多普勒效应，将产生多普勒频移。若原子运动方向与激光传播方向相反，则原子感受到的激光频率就更接近共振频率，吸收（散射）光子的概率就大；若原子运动方向与激光传播方向相同，则原子感受到的激光频率就更远离共振频率，吸收（散射）光子的概率就小。

原子在激光散射的过程中，光子就会把自己的动量转移给这个原子。随后，原子又会自发辐射释放光子。在这个过程中，原子吸收的光子动量是定向的（沿激光传播方向），而原子自发辐射的光子动量是随机的。三维激光冷却技术虽然能够将原子或者离子冷却至很低的温度，在一段时间内把慢速原子局限在六束激光的交会处，却不能将之长时间地固定在某一个位置。为了实现长时间的探测，最好的方法就是在空间中形成一个封闭的势能面，这样其中的原子处处会受到向心力的作用，即该封闭面上每个点的势能均大于曲面内的势能。这样，动能低于该势能面的原子就会被陷俘在这个势能面内而不得逃逸。这种内低外高的势能封闭区域就是物理学上的阱，它是一种能把自由运动的物体俘获并囚禁起来的装置，同时也起到装载这些物体的作用。科学家在光学黏团的基础上又发展出了粒子囚禁技术，用于囚禁微观粒子的阱可以只依靠激光场来形成，还可以只依靠磁场来实现，还可以同时依靠光场和磁场混合产生。

在众多的原子阱中，依靠激光和静磁场综合效应的磁光阱的发明极大地简化了激光冷却和陷俘原子的实验技术，对冷原子物理的发展和推广应用起着重要作用，并成为现今获得冷原子的主要实验手段。后来，蒸汽池型的磁光阱方案更是因为设备简单，并且还能连续捕获形成原子束而成为现在各个冷原子实验室的标准设备，也是铯原子喷泉钟的关键技

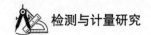

术环节。在此基础上，玻色－爱因斯坦凝聚、原子干涉仪、光学频率钟、空间原子钟等技术迅速发展起来。磁光阱中原子所受的力主要来源于激光耗散力的作用，而不均匀磁场只是提供了一个耗散力随位置变化的环境，使耗散力始终指向磁场零点。

五、飞秒光梳技术

科学发展史告诉我们，重大的科学进展很多是受测量精度的显著提高的激发所致，这一点在原子光谱学领域尤为重要。光谱分辨率的提高使物理学家看到了原子的精细结构、超精细结构，以及同位素核内的电荷分布等，以往许多诺贝尔物理学奖都与原子结构的研究有关。今天，超精度的测量允许物理学家的研究更深入物理学的一些极为基本的问题，例如，验证自然界的各种基本常数和基本定理、物质与反物质的区别，以及光速、时间和长度单位的精确定义及测量等。但是所有这些研究和测量都涉及对光学频率的超精度测量，因此，研制频率极其稳定的激光系统和研究最先进的频率测量技术是当前取得重大科学进展的关键。

所谓光梳是指拥有一系列频率均匀分布的频谱，这些频谱像是梳子上的齿或一把尺子上的刻度，可用来测量未知的光波频率。它的一个重要应用是作为超高精度的尺——光尺，提供精密测量光学频率和长度的标准，对任意光学频率直接进行精密的测量，这对于精密计量、高分辨率光谱、光通信等研究应用具有重要意义。这个装置又是一个光学频率综合发生器，它通过飞秒光梳中光学频率与微波频率的精密传递关系 $f_n = nf_{rep} + f_0$，能将单一光学或微波频率标准的频率稳定度精确地转移到宽频谱范围内一个或多个频率上，以实现不同光学频率标准间以及光学频率标准与微波频率标准间超高精度的连接，在可见光及近红外区域提供任意频率值的高精度稳频激光，满足科学研究应用的需求。

第二章　测量设备的管理

"测量设备"一词是近年来在国际标准中普遍使用的一个通用术语，测量设备的定义是："实现测量过程所必需的测量仪器、软件、测量标准、标准样品（标准物质）或辅助设备或它们的组合"。而我国多年来所使用的"计量器具"一词，其定义为"单独地或连同辅助设备一起用以进行测量的器具"。

第一节　测量设备的配备策划

测量设备与计量器具的定义基本概念是一致的，都是针对测量手段。两者最大的不同点在于：测量设备包括与测量过程有关的软件和辅助设备或者它们的组合，如测量软件、仪器说明书、操作手册等，而计量器具更突出体现测量硬件。可以说，由计量器具到测量设备是国际计量工作者对传统计量工作的共同推进。测量设备按照特性、任务、用途、结构可以有各种不同的分类。

第一，按特性分。按特性可以分为硬件和软件。硬件主要包括：测量装置、测量系统、仪器、仪表、实物量具、传感器、辅助设备、标准物质或它们的组合以及用于统一量值的标准物质；软件主要包括：电子软件、操作手册、文件数据等。

第二，按承担的测量任务分。按承担的测量任务可以分为计量基准器具（测量基准）、计量标准器具（测量标准）、工作计量器具（工作测量器具）。

第三，按使用用途分。按使用用途可以分为：一般测量用、检验用、监视用、交接用、贸易用、校准用等。

第四，按结构原理分。按结构原理可以分为仪器、仪表、实物量具、虚拟仪表、传感器、测量控制系统、测量装置、标准物质等。

总而言之，只要是能够用于测量活动、对被测对象量值准确性具有贡献的测量手段都称为测量设备。测量设备是企业计量管理中一项十分重要的物质资源，其出具的测量数据已经成为现代企业决策、生产指挥、成本控制、质量保证的主要手段。因此，加强测量设

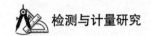

备管理，是企业计量管理工作的首要任务。测量设备的管理内容主要包括测量设备的配备策划、测量设备的管理与控制、测量设备的计量确认、测量设备的量值溯源和测量设备的法制管理五大过程。

在企业中，从产品设计到生产、销售，从物资采购到能源消耗，从成本目标制定到成本核算，都要经过多道工序，涉及多个部门，形成多重物流，产生众多测量过程。要使各个测量过程能够满足企业的计量要求，其中一项重要的工作就是要根据法制、标准、顾客的需要和本企业的实际设计测量过程，合理配备测量设备，使所配测量设备在满足计量要求的前提下，实现购价合理、维护简便、使用方便。测量设备的配备策划是测量过程中的一个子过程。其输入有两个：一个是企业的测量资源（人、财、物）保证，另一个是企业的计量要求。其输出有一个，即特定测量过程对测量设备的计量要求。

一、配备策划的目的与内容

配备策划的目的是确定测量设备的计量特性指标，保证每个测量过程都能得到合理、适用、经济的测量设备。

配备策划的主要内容是根据测量过程的计量要求，结合测量设备的使用位置、使用环境、使用人员的素质、测量方法、检测效率、购置维护成本、量值溯源成本等，确定测量过程对测量设备的计量要求。对测量设备的计量要求通常可表示为测量设备的计量特性指标，如量程、测量范围、准确度等级、最大允许误差、漂移、回应特性、灵敏度、鉴别力阈、分辨力、稳定性、响应时间、偏移、重复性等。

一般来说，测量设备的配备策划应包含在测量过程设计中。也就是说，测量设备的配备策划是测量过程设计必须考虑的问题之一。为实现测量过程而选择的测量设备，应是测量过程设计的一个输出。

二、配备策划过程的实施

测量设备的配备策划是运用系统论、控制论制订统筹计划的过程。测量设备的配备策划应在测量过程设计中完成，并形成工作记录。配备策划过程又包含以下五个小过程。

（一）了解计量要求

如果测量过程设计中已明确了对测量设备的计量要求，策划人员可以直接使用。如果计量要求没有明确给出，策划人员要从合同文本、产品标准、工艺技术要求、生产控制记录、国家法律法规和专项计量标准中归纳整理出来，形成包括产品检验要求，生产过程监测要求，贸易结算、能源核算、环境监测、安全监测要求等的测量要求。然后将测量要求转化为被测量的测量范围、允许测量误差或允许测量不确定度等计量要求。

（二）合理确定检测点

明确了计量要求后，策划人员要收集、掌握有关测量过程活动实施的资料、资源、背景、要求及特点，根据计量要求和本企业的生产经营特点以及产品加工和物资流向，以测量技术满足为前提，结合管理要求，确定需要采用测量设备进行测量、控制的检测点。必要时，可以绘制出测量流程图。

为达到预期的测量目的，合理确定测量点，策划者应注意收集以下有关测量过程的信息：

1. 法律法规、专项计量标准要求方面

要考虑满足国家相应法律法规的要求，如相关法律法规、产品的国家政策、行业产品发展趋势、政府的有关规定、行政主管部门管理要求、产品标准、管理标准、方法标准等，对测量项目及测量要求（被测量参数）的设置及要求。

2. 内部管理要求方面

要考虑满足成本核算方案、能源管理要求、定额管理要求、经济指标考核内容、加工装配图纸、工艺文件和最终产品质量控制、采购质量、安全防护规定等对测量项目及测量要求（被测量参数）的设置及要求。

（三）选择测量设备

根据企业的生产特点、成品或者半成品技术指标的要求及生产工艺流程等技术要求，设计测量流程图，设置科学合理的检测点，充分考虑被测对象参数的特性、设备性价比和维护成本的高低、操作使用人员的技术水准、设备使用环境条件、测量频度、溯源成本等，确定拟配备的测量设备的名称、型号、规格和具体计量特性指标。应特别注意，每台测量设备的选择只能针对某一特定测量过程。

（四）绘制计量检测网络图

为直观表述各检测点已配或者待配测量设备的状态，根据测量流程图设置的检测点和测量设备配备情况，测量设备配备策划完成后，可以绘制成图，也就是计量检测网络图。

（五）编制测量设备选配分析表

对于关键、复杂的计量检测点，最好编制测量设备选配分析表，以考察、验证测量设备策划的计量特性指标与被测量参数匹配的合理性、科学性，避免因选配测量设备不能满

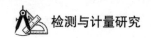

足计量要求，造成资金浪费。

三、测量流程图的编制

（一）测量流程图的概念

一般来说，工业企业在工艺准备过程中要对产品及其零部件进行工艺分析、确定工艺路线后，绘制出加工工艺流程图，以此将零部件的加工过程简明地表达出来，形成的技术资料叫作工艺流程图。测量流程图就是运用企业加工工艺流程图的方式，将测量过程和程序以流程图的方式简明地表达出来。测量流程图是测量策划工作中确定测量活动的流程、测量点、测量方式及其相互关系后形成的技术图表。测量流程图的绘制可以参考工艺流程图，沿着物资、产品流向这一思路，系统考虑与设计。复杂的测量活动可能需要有一套测量流程图，而简单的测量过程可能只有一张图就足够了。对用于工艺控制的测量流程图，在有些情况下，可以直接利用工艺流程图在上面标出所需的测量标识符号，即可作为测量流程图。

（二）测量流程图的标识符号

对于需要编制测量流程图的企业，一般应尽可能地采用有关标准规定的符号，以便于正确理解和广泛交流。但一个企业内，必须统一标识和符号的使用。测量流程图的标识符号有两类，即顺序符号和测量符号。以下符号供企业参考使用。

1. 顺序符号

流程是由连续的顺序过程构成的。顺序过程的不同状态，一般以六种符号进行标识。

作业——指生产过程中改变物质形状或性能的活动。作业的符号为圆圈"○"。

停留——指生产过程中物质处于静止的非作业状态。

运输——指生产过程中物质处于有目的的位置移动状态。

贮存——指生产过程中物质处于受保管的状态。贮存的符号为倒三角形"▽"。

测量——指生产过程中物质处于接受鉴别的状态或环节，测量的符号为矩形或菱形。

综合活动——指作业、检查等两种以上活动的复合状态，一般须加注说明。综合活动的符号为圆圈套圆圈"◎"。

2. 测量符号

在测量流程图中测量的顺序符号"□"或"◇"只能标识测量活动的位置，不能说明测量方式和手段。因而，必须以测量符号加以补充说明。这些测量符号一般应写进"□"或"◇"符号中去，以免造成误解。常用的测量符号如下。

进厂测量：E。

工序测量：P。

最终测量：Z。

完工测量：ZF。

成品测量：ZP。

合格验收：C。

一般检查或试验：A 或 I。

品质审核：O。

理化测量或检验：F 或 M。

感官检验：S。

外观检查：N。

全数检验或测量：L 或 100%。

抽样检验或测量：SP 或 n/c。

控制图：C.C 或 W。

记录：R。

调试：X。

监视点：W.P。

停止点：H.P。

四、测量设备的配备

根据我国实际情况、实践经验和国家有关标准规定，测量设备的配备可按照或参照以下原则和要求执行。

（一）能源方面

标准规定了能源计量器具配备和管理的基本要求，适用于企业、事业单位、行政机关、社会团体等独立核算的用能单位。其中，对能源的种类明确规定：能源指煤炭、原油、天然气、焦炭、煤气、热力、成品油、液化石油气、生物质能和其他直接或者通过加工、转换而取得有用能的各种资源。

1.能源计量的范围

输入用能单位、次级用能单位和用能设备的能源及载能工质；输出用能单位、次级用能单位和用能设备的能源及载能工质；用能单位、次级用能单位和用能设备使用（消耗）

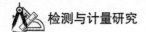

的能源及载能工质；用能单位、次级用能单位和用能设备自产的能源及载能工质；用能单位、次级用能单位和用能设备可回收利用的余能资源。

2. 能源计量的管理

企业对能源计量应实行分级管理。进出企业进行结（核）算的能源计量为一级，即用能单位的能源计量；企业内部独立核算的单位间进行成本或消耗核算的能源计量为二级，即次级用能单位的能源计量；独立核算单位内部对车间（装置、系统、工序、工段和重点用能设备）进行核算的能源计量为三级，即用能单元和主要用能设备的能源计量，分别称为一级能源计量、二级能源计量、三级能源计量。

3. 配备原则

企业及内部只要用能（包括产、用和运输），就必须通过配备计量器具来统计确认其实际用能量。应满足企业能源分类计量，实现分级、分项考核和核算的要求。应符合国家对企业能耗计算、产品单位产量能源消耗定额编制、企业能耗计量与测试、节能监测技术等，国家标准对企业设备用能测量的要求。能源计量检测点，应由能源、计量的管理部门，在能源输入、输出的管理分界点附近适当位置或计量对象转移输出点的适当位置确定设置。能源计量器具配备，在满足配备率、准确度要求的前提下，优先采用节能、环保型结构，以及非接触式或拆装简便的计量器具，同时必须了解其量值溯源渠道和方式。重点用能企业应配备必要的便携式能源检测仪表，以满足自检、自查的要求。能源计量设备配备，在满足用能要求的基础上，其计量结果数据显示要便于观察，数据信息能够有效存储和传输共享。

4. 能源计量器具的功能要求

一级能源计量器具的主要功能要求如下：

（1）衡器

优先选用具备数字式传感器结构和车辆信息自动识别功能的衡器，积极采用具备标准模拟、数字量信号输出和接口的智能化多功能称重仪表。推荐称重计量过程采用计算机化、网络化操作与管理。

（2）电能表

优先采用数字式多功能电能表，即具有多时段、复费率、多参数检测功能；具备标准脉冲、数字量信号输出和接口以及抄表器采集数据等功能。

（3）气（汽）、液态流量计量表（装置）

计量检测方式应符合国家相应技术规范要求，仪表结构科学合理、技术先进成熟、使用稳定可靠。流量、能量计算方式或软件符合国家规范要求，具备温度、压力等多参数实时补偿计算，具有多参数（功能）、无纸化记录显示，以及标准模拟、数字量信号输出和接口。

二、三级能源计量器具的功能要求可参照执行。其中三级能源计量器具的功能要求，在满足生产工艺预期计量要求的前提下，可以根据实际需要对相关功能要求适当简化。

当能源作为生产原料使用时，其选用的计量器具准确度等级应同时满足相应生产工艺的预期计量要求。能源计量器具的准确度和功能应满足相应的被测能源介质特点，并在受控或已知满足使用要求的环境中使用。

（二）工艺及质量检测控制方面

工艺及质量检测控制包括原材料进厂检验、生产过程工艺参数控制、产品质量检测、生产安全和环境检测四方面。

1. 原材料进厂检验的测量设备配备

原材料进厂检验包括对原材料、辅料、外购件、外协件（外协件又包括零部件、组件、器件等）的质量检测。在产品的生产制作中，如果质量不合格的原材料、辅料、外购件、外协件投入使用，就会造成产品的不合格，导致经济损失。在有些行业，对进厂的原材料、辅助料等进行检测，不仅有质量把关的作用，而且一些检测项目又是制定工艺方案的依据。如化工行业，往往根据进厂化工原料、辅料的成分含量，制订工艺配方；服装行业要根据面料的缩水率，确定下料标准等。因此，只有把好进厂的原材料、辅料、外购件、外协件等材料进厂检验质量关，才有可能保证终端产品质量。用于原材料的进厂检验，应按照本企业对原材料、辅料、外购件、外协件规定的被测参数选择配备相应的测量设备。

2. 生产过程工艺参数控制的测量设备配备

生产过程工艺参数控制是指对工艺过程中的各种物理量、化学量、几何量的控制检测。工艺参数的控制检测有两种形式：一种是在线检测，一种是离线检测。

在线检测，一般为自动化程度较高的行业。其生产设备上，配备有对工艺设计参数进行自动设置、自动加工、自动检测、自动控制的测量装置。有的生产线甚至还装有零部件加工装配后在生产流水线上自动检测的测量装置，通过检测使合格的零（部）件及时转入下道工序。如发现不合格，它还能自动调整工艺控制状态使加工设备在一定范围内自动校正。

离线检测，则是将零（部）件从生产设备上取下来后进行静态检测。生产过程工艺参数控制是企业减少工序不良品、提高工序一次成品合格率、降低生产成本、保证产品质量的关键环节，因此应充分重视和加强工艺过程控制中的计量检测工作。在测量设备的配备

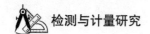

方面，应根据设计的工艺控制参数要求、需要的测量效率、被测对象材料特性等选择配备相应的测量设备。

3. 产品质量检测的测量设备配备

产品质量检测是根据产品所执行的技术标准中规定应测量的物理量、化学量、几何量等参数进行的检测，这也是企业对自己生产的产品是否达到技术标准的规定要求而进行的自我评价。因此，应根据被测量的要求和有关技术标准，科学、严格、合理地选择与产品质量检测参数相适应的测量设备，这是企业计量检测体系中的重要管理内容，也是企业对社会负责、对自己负责、对用户及消费者负责的需要。

4. 生产安全和环境检测的测量设备配备

有些企业在生产过程中，存在着一些危害生产安全及环境污染的活动，为了监控、预防、治理、消除这些安全隐患及污染源，必须配备相应的安全及环境监测测量设备。其配备范围一般包括：监测安全生产方面，如受压容器、管道所受压力的监测；化工行业的生产场所空气中易燃易爆液体、溶剂、气体的成分或浓度的监测等。环境监测方面，如工厂生产所排放的废水、废渣、废气中有害成分的监测、生产环境的噪声及粉尘的监测等。

（三）经营管理方面

1. 配备范围

（1）物料进、出厂计量

主要指大宗、贵重的物料计量，其范围包括：大宗、贵重的原材料（包括辅料）进厂、出厂物资量的计量；产品出厂物资量的计量。

物料进出厂计量器具的配备直接关系到企业经济利益和声誉，是企业原材料进厂、产品出厂以及进行集团公司、公司、总厂级经济核算的关键环节，只有抓好这一环节，才能从宏观上搞好企业的生产成本控制和经营管理。

（2）原材料消耗和半成品流转的计量

原材料消耗的计量是企业内部经济核算和搞好经营管理的重要内容，它与企业的性质和产品有关，主要是指与本企业生产的产品直接相关的原材料的计量。

半成品流转的计量是指企业内部车间之间、工序之间的交接计量。要求产品的单耗准确计量，对于企业的经济考核和降低消耗都是十分必要的。因此，必须配备必要的测量设备。

（3）定额管理的计量

在企业经营管理工作中与计量有关的定额，一般是物耗及能耗定额指标。对于物耗定额指标的管理主要应包括原材料按定额发料的计量，在工艺过程中按原材料消耗定额考核实际消耗原材料物资量的计量。

按定额指标发料的计量范围包括：

①以公司、总厂为核算单位对车间、分厂定额发料的计量。

②以车间、分厂为核算单位对生产班组定额发料的计量。

定额（包括物耗及能耗为定额指标）管理的计量器具配备是企业搞好各级经济核算的关键环节，是企业推行经济责任制的一个重要方面，同时也是企业降低物耗和能耗、生产出质优价廉产品、提高企业竞争能力及经济效益的基本因素。

2. 配备要求

是指对于物料进、出厂，原材料消耗，半成品流转及定额发料测量设备的配备要求。对于大宗物料进、出厂环节，可根据物料的吞吐量大小、物料特性，配备与吞吐量相适应的称重计量器具，如轨道衡、地中衡、台秤、流量计等。

对于量少但贵重的物料（包括产品）进、出厂及定额发料及消耗，可配备与其测量准确度及规格相适应的工业天平或精密天平。

对于木材和低值建筑材料，如灰、沙、石等进出厂，可配备相应规格的卷尺进行检尺量方。

对于轻纺行业用的原材料，如毛料、布料、化纤、皮革、人造革等进厂时，可配备相应规格的钢卷尺、钢板尺、厚度计或其他计量器具（如皮革可用尺板或面积计），按规定频度进行检测。

对于液体或气体物料采用管道输出（出厂）时，可配备相应规格及准确的流量计。

金属型材进出厂应配备相应规格的衡器进行复称，在无法进行复重测量的情况下，也可以根据国家有关规定配备相应规格的卡尺、钢卷尺等长度计量器具进行间接测量，再计算出物料重量。

对于物料进出厂及消耗流转和定额发料用测量设备，其最大允许误差的要求如下：衡器：静态 ±0.1%，动态 ±0.5%。气体流量计：±2.0%。油流量计：用于国际贸易结算计量 ±0.2%；用于国内贸易结算计量 ±0.35%。其他液体物料：±2%。

五、配备策划中应注意的几个问题

测量设备的配备策划是在综合考虑风险、成本、利益的基础上，为保证测量设备具有预期使用要求的计量特性而进行的技术论证、评审和裁决活动。在这个活动中，应特别注

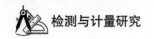

意以下几方面：

（一）测量设备的计量特性指标选择

测量设备的计量特性是影响测量结果准确可靠的关键因素。因此，在选择测量设备的计量特性指标时要特别注意。

1. 计量特性指标

量程、测量范围、准确度等级（最大允许误差或测量不确定度）；分辨力、重复性、稳定性、灵敏度；滞后、漂移、鉴别力（阈）、响应时间；测量方式、抗干扰性能；额定工作条件、极限条件、参考条件等。

选择计量特性指标时，除了考虑被测参数外，还应充分考虑被测对象的结构特性，如大小、形状、重量、材料、刚性、表面粗糙度和测量位置等因素。如被测对象较大或较重时，应考虑测量设备能够置于被测对象上进行测量。被测对象材质软、刚性较差时，则应选择非接触式测量设备。

2. 测量设备准确度的选择

（1）一般测量

测量设备的最大允许误差 W 被测量对象允许误差范围的 1/3。

（2）重要测量或用测量装置进行测量时，应使

$$U = ku_c \leqslant \varepsilon$$

式（2-1）

式中，U——测量结果的扩展不确定度；

k——包含因子；

u_c——合成不确定度；

ε——测量参数的允许测量误差限。

（3）测量参数的允许测量误差限的确定

$$\varepsilon = \frac{T}{2M_{cp}}$$

式（2-2）

式中，ε——测量参数的允许测量误差限；

T——测定量值时的被测参数允许变化范围（或公差）；

M_{cp}——对应于测定量值的允许超差率或测量的允许误判率的检测能力指数。

3. 稳定性选择

稳定性指在规定条件下，测量设备保持测量特性恒定不变的能力。稳定性通常是相对

时间而言的，一般分为长期稳定性和短期稳定性。长期稳定性与短期稳定性是相对的，如标准电池规定了 3 年电动势变化幅度，同时规定了 3 ~ 5 天内变化幅度。一般来说，可以根据被测参数的测量取样要求，选择与其相匹配的稳定性指标。这个指标可以是长期稳定性指标，也可以是短期稳定性指标。对计量标准装置而言，要求的主要是长期稳定性指标；对单项测量而言，短期稳定性指标满足就够了。当稳定性是相对其他量而言时（如温度、压力等参数每小时变化不超出多少），应予以说明。稳定性选择时，应考虑因素：测量的重要程度；测量设备维护的难易程度；制造厂数据与建议；测量设备稳定度指标要优于被测量对象要求的指标。

（二）量值溯源特性选择

测量设备的量值溯源特性一般可以考虑多方面：采用国家法定计量单位。量值能溯源到国家计量基准，如没有相应国家基准，应与国际计量基准或国际上承认的或者业内认可的测量标准建立溯源关系。进口的测量设备和引进生产设备上所安装的测量设备，签订供应合同时应根据国家法定计量单位的使用原则，明确要求供应的产品必须使用我国的法定计量单位。否则，会造成无法溯源或溯源成本非常高的被动局面。易于检定 / 校准操作信号取样，以便溯源时操作简便。

（三）使用维护特性选择

测量设备的使用维护特性选择可以考虑多方面：使用方便、操作简单可靠；运输、拆卸、组装、安装方便；在使用保存期间，易于对其进行防护；所需专用辅助设备（安装、读数、记录、电源等）少；对环境、操作人员条件要求适度、不苛刻。

（四）经济特性选择

测量设备经济特性要尽可能满足条件：测量风险小；测量设备购置费用少；操作、维护、保养、检定 / 校准费用少；维护修理方便，使用寿命长；利用率高；测量效率应和生产节拍相匹配；使用时所需场地小；需要操作人员数量少。

第二节　测量设备的管理与控制

测量设备的日常管理与控制，是企业计量工作中一项十分重要的内容。如果不能保证

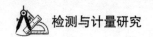

测量设备从采购到报废的整个过程始终处在有效受控状态，就可能造成测量设备的滥用、误用、损坏或者外观和功能特征发生变化，从而导致其适宜性、可靠性的降低或丧失。

测量设备的日常控制主要包括采购与流转、调整控制、标识、不合格测量设备处置四大过程。

一、测量设备的采购与流转控制

采购与流转过程主要包含测量设备的采购、装卸、运输、验收、贮存、发放、使用、保管、降级、报废十大环节。企业应对这些环节采取控制措施，并形成工作记录，直至归档保存。

（一）采购计划的制订

企业负责测量设备采购计划制订的部门，应根据测量设备的配备策划结果制订采购计划。制订计划时，除了严格遵守策划所确定测量设备的计量特性外，应选择具有良好信誉、价格合理、产品质量可靠的生产厂商。所购测量设备为国产时，应取得国家制造计量器具许可证；为进口产品时，凡列入国家型式审查目录的应具有国家型式批准证书和省级以上计量技术机构出具的检定 / 校准证明。采购计划至少应明确所采购测量设备的计量特性、生产厂家、用途。

（二）计划审查

企业计量部门应审查测量设备的采购计划。计量部门对制订的采购计划要从法制管理要求和专业技术两方面审查把关，而不是代行其他有关部门（如财务、设备管理等）的审批权限。审查的内容主要是看欲采购的测量设备是否符合配备策划的计量特性，是否需要取得国家制造计量器具许可证，该型号测量设备本企业是否有库存。其目的是防止错购、重复购置，避免经济损失。

（三）实施采购

采购部门应严格按经审查批准的采购计划规定的各项要求进行采购，不得擅自变更。如遇特殊情况需要变更时，应经申请购置的部门同意、报计量部门审查后，方可按照变更要求进行采购。采购的计量器具具有下列情况时，不得购入。

——需要办理《制造计量器具许可证》的计量器具没有《制造计量器具许可证》标志；

——列入《中华人民共和国依法管理的计量器具目录（型式批准部分）》内的进口计量器具，没有允许进口计量器具的型式批准的标志和编号；

——列入《中华人民共和国依法管理的计量器具目录（型式批准部分）》内的进口计量器具，没有省级以上计量检定机构的检定／校准合格证明。

（四）外部供方的选择与评价

为确保所购测量设备的质量可靠，应制定对供方的选择与评价工作程序，对为本企业计量检测体系提供测量设备（包括标准物质）的供货商提出要求，规定选择、监视和评价的准则，对其是否具有满足规定要求的能力进行评价，记录评价结果，保存评价记录。一般来说，选择、评价测量设备的供货商时应把握以下原则：

对于长期、固定为本单位提供测量设备的供方和生产大型、精密、贵重测量设备的厂家，应对其产品的质量保证能力进行调查，根据调查结果确定是否由其供货。

确定产品供方后，应与供方签订供货合同。主要项目有供货时间、规格型号、质量要求、相关技术数据、包装及运输要求、验收方式、不合格退货要求等。

进口测量设备，要向供方索取允许进口计量器具的型式批准的证书和省级以上计量检定机构的检定／校准证明。检定合格的，入库建账；不合格的，及时索赔或退货。

二、测量设备的调整控制

测量设备的调整控制是指在检定／校准时，对测量设备能影响其计量性能的调整装置进行封印或采取的防护措施，以防止未经授权人员许可的改动，保持测量设备的原有计量性能。因此，计量检测体系中，对测量设备进行调整控制也是一项十分重要的工作。对测量设备调整控制最常用的措施是在调整部位上采用封印。

（一）封印的完整性

1. 封印的使用范围

封印应使用在不允许非授权人对可能影响测量设备计量性能进行改动的可调部位。封印应有固定的位置，应设计成一旦改动就能出现明显的痕迹。应当注意的是，并不是所有测量设备都适于封印。对于每次使用前应当自行调整的装置不能使用封印，例如调零器等就不能使用封印。因此，要正确划定封印的使用范围。哪些测量设备的控制或调试部位应加封印，封印使用什么材料，如标签、焊料、线材、涂料等，一般都应做出规定，并把如何实施封印控制的工作要求写成文件。

2. 封印的位置

封印的位置应设置在测量设备上影响其性能的可调部位。封印的调整只能由检定／校准人员在检定／校准时进行，而其他人员无权调整。一般来说，需要对可调部位采取防护

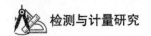

措施的测量设备，其生产厂家在出厂时就已留出了封印的位置，如电能表、压力表等，使用单位只须在检定 / 校准后更换铅封即可。

3. 封印的形式

封印的形式有标签、铅封、漆封等多种，应针对防护的位置不同，选择相应的封印形式。不论使用什么形式，都要能够达到一经改变即有明显可见的效果。因此，不仅应针对封印位置及封印形式做出明确规定，而且还需要对使用封印被改动后出现的明显变化做出说明。只有这样才能够实现对测量设备可调部位的封印管理。

4. 封印遭破坏后的处理措施

测量设备是实施测量的工具，测量设备计量特性的变化将直接影响到测量数据的准确可靠，保持封印的完整性也就成为保证测量设备处于受控状态的证明。因此，测量设备的封印一旦遭到破坏，也就表明测量设备可能失准，需要启动如下步骤并采取相应的处理措施：当发现测量设备封印被破坏，立即报告有关责任部门，将其贴上明显的禁用标记，不得继续使用。

对有禁用标记的测量设备进行重新计量确认。如果经确认表明未改变测量设备的计量特性，对可调部位重新进行封印后，可继续使用。当确认结果表明测量设备的计量特性已被改变，则应对以往的测量数据进行评定。如果发现测量数据，特别是关键部位的测量数据失准时，应对被测对象重新进行测量。必要时，要对以往的测量数据进行追溯，直到确认没有问题为止。

应将封印损坏的情况及对其处理情况写出书面处理报告，存档备查。报告要经有关人员签字。

如属于破坏封印，要追究破坏封印人员责任，视其产生后果危害的轻重，按有关规定进行处理。

5. 编制封印管理程序文件

封印管理应通过编制、实施程序文件予以规范。程序文件要包括以下内容：

封印的规定形式；实行封印管理的测量设备范围；封印的位置及相应的封印形式；负责对测量设备施加封印人员资格的规定；明确对封印实施管理部门的职责；封印遭破坏后的挽救处理措施；编写封印破坏后处理报告的规定；对破坏封印责任人的处罚措施。

（二）封印的设计要求

出于制造技术的限制或其他原因（如制造成本等），测量设备常会设计可调整的装置或部件。其中，有些调整装置在出厂以后是不允许调整的（如导轨间隙的调整螺钉），在出厂时就以明显的标识进行了密封（如红头螺钉）。这些装置只有在仪器大修时才允许调整。对那些从测量原理来说就可以进行调整，或为了弥补制造水平的缺陷而设计的调整机构，为保证测量设备达到所设计的准确度，也不允许操作人员对这些机构进行经常性调整。因此，这些调整机构也应当在检定／校准中调整，并且在达到所要求的准确度以后，立即进行密封。由此可以看出，封印对于确保测量设备的准确度不产生意外变化是非常重要的。封印在设计时就要考虑到不能被改动，除非被破坏。也就是一旦改动，就应出现明显的痕迹。封印更不能自行脱落，为了确保测量设备的准确度，在封印出现损坏或脱落时，应采取相应的措施，要分析原因，如果是有意损坏，可能需要重新确认，而如果是封印设计不当，或所用材料不适用，则要改变封印方式。所有这些都应形成程序，即将封印的使用及其损坏或脱落后的管理要求明确规范。

测量设备，实际也包括其辅助设备、用作测量手段的夹具、定位器、样板、模（胎）具等试验硬件和软件。测量软件往往要加密码来限制非授权人对其测量程序进行随意修改，密码就是软件的封印。此外，有些与其计量性能有关的调整装置，有时也要考虑加封印。对封印的管理不是指那些可以由操作者自行调整的装置。

三、测量设备的标识管理

测量设备的标识是指测量设备的计量确认状态标识，简称确认标识。确认标识是计量确认、检定／校准结果简单而明了的证明，是反映测量设备（计量器具）现场受控状态的一种比较科学直观的方法。由于标识使用简便、易行、直观，近年来，已经在越来越多的部门、企业、单位管理工作中得到推广应用。测量设备确认标识管理是计量管理工作中一项十分重要的基础工作。对测量设备的标识管理提出了相应要求。计量行政管理部门也在许多规范性管理办法中做出了明确要求，措施要求对测量设备的标识使用和管理工作起到了十分有效的指导和推动作用。

（一）确认标识的原则要求

企业应保证所有测量设备都使用标识标明其确认状态、确认的局限性或使用的限制。标识应当牢固耐久。当标识不适用或不适当时，应制定有效的程序替代标识。

必须正确设计标识的形状与颜色，以示明显区分防止误用。

对那些在使用寿命期间，只须进行一次性确认的测量设备也要贴上标识。

对于不需要确认或不允许使用的设备也应做出明确的标识，以便分清需要确认而标识已经遗失或脱落的设备。

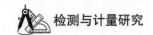

标识的内容主要应包括：确认（检定、校准）的结果，包括确认结论，使用是否有限制等；确认（检定、校准）情况，包括本次确认时间，下次确认时间、确认负责人等；如企业采用测量设备 A、B、C 分类管理办法，可在备注栏上适当注明；备注，也可以注明需要特别加以说明的其他问题，如测量设备一部分重要能力没有被确认；有些企业为便于管理，在标识中还增加了其他内容，如统一编号等，具体规定应有企业程序文件做出规定。

每个标识的出具都要有足以证明标识填写内容的依据资料。

（二）测量设备标识的分类

测量设备标识一般分为三类：准用（合格）、限用、禁用。其分类的目的主要是表明测量设备被确认的状态，使测量设备的使用者根据标识直观把握测量设备使用规定，方便计量检测现场管理。目前，在企业中通行的标识分类及管理方法如下：

1.“准用”（或“合格”）标识

表明对测量设备已按规定进行确认后处于合格的状态。该标识采用绿色，并有清楚的“合格”字样。其适用范围包括：经计量确认（检定、校准）合格的测量设备；不必检定、校准经检查功能正常的测量设备；无法进行检定、校准，经比对或验证满足使用要求的测量设备。

2.“限用”标识

表明测量设备的部分功能或部分示值范围已得到确认，允许在有限的范围内使用。该标记采用黄色，并有清楚的“限用”字样。其适用范围包括：多功能的测量设备中，有些功能已丧失，但有些功能正常且经确认合格的；测量设备某一部分示值范围不合格，但检测工作所用相应部分示值范围经计量是确认合格的；经计量确认允许降低等级使用的测量设备。

3.“禁用”或（“停用”）标识

贴有该标识的测量设备，任何人非经批准一律不准使用。该标记采用红色，红色是表示禁止使用的意思，并有清楚的“禁用”字样。其适用范围包括：测量设备经确认不合格的；测量设备超过确认周期的；测量设备已损坏或功能可疑的；测量设备暂时不用或封存的；封印或保护装置损坏或破裂的测量设备；已产生不正确测量结果的测量设备；禁止使用或报废处理的测量设备等。

（三）确认标识的管理

对测量设备的计量确认是一项科学性、技术性和法制性极强的工作，而计量确认标识又是完成确认后的直观证明，不得随意使用和破坏，必须进行严格的管理。对测量设备的确认标识管理应通过制定程序文件进行。程序的内容应包括以下主要几项内容：

规定企业使用确认标识的种类、各种确认标识的内容、明确实行标识管理测量设备的范围、场所；要明确出具确认标识及管理的归口负责部门和确认负责人；对出具确认标识的人员资格及管理职责做出规定；对擅自修改标识内容和破坏标识行为的惩处措施；对标识有特殊要求的，如样式、粘贴方式等，应有适当说明。

（四）确认标识的应用

当前，大多数企业采用的标识是彩色不干胶标签（简称色标）。由于这种色标简便、易行、低成本，给企业实际工作带来方便，但同时也造成许多企业认识上的不严肃。加上制作尺寸规格不统一、颜色深浅不一致、设计内容不全面，从而使测量设备的标识种类繁多、参差不齐、内容不清、失去了色标管理的科学、先进、简单、易行的特点。因此，在实际工作中要注意以下几点：

凡色标不易或无法粘贴在测量设备上的，可以采取其他标识方法，或者用其他方式加以控制，并且在程序文件中予以明确规定。如玻璃温度计、玻璃量器可以采用喷砂、做记号等方法。对于在环境条件较恶劣下工作的测量设备，如高温、高湿下的压力表，可以采用挂标签的方法等。

凡与测量无直接关系或对测量数据无要求的设施装备、生产工具、生产设备、办公辅助设施等，因其不属于测量设备，所以无须加贴色标。如办公桌椅、照明灯具、交通工具、通信设备等。

色标应正确粘贴在测量设备的适当明显的位置上，不能乱贴、乱挂，不能影响测量，保证设备的正确操作和读数。同一场所同种测量设备的色标应贴在相同的部位，看起来整齐划一；有些企业将色标贴在只有粘贴者自己才能找到的地方（如隐藏在仪表控制柜内壁深处），是不正确的。也有将测量设备的显示计数部位粘贴得五彩缤纷以及早已过期的色标不及时清除的现象，都是十分不严肃的，应杜绝出现。

色标填写的内容要齐全、规范。一方面不能空项、漏项，另一方面要按程序文件要求，逐项认真如实填写。如确认人、禁用日期等。确认结论是直接印上去的，但确认人、确认日期、备注等，要由确认人逐项填写，用钢笔或签字笔，不得用铅笔，字体要工整。

原则上每台（件、盒）测量设备（仪器仪表、计量器具）应粘贴一张（枚）色标。但有些情况下，为了外观整齐划一、方便监督管理，在计量确认能同期操作完成的条件下，可以按测量系统、仪表组合、单元组合等测量单元（如配电柜、自动控制仪表柜、温控系

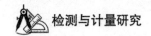

统、计量标准装置等）整体粘贴色标，并应在色标的备注栏中注明。但应有程序文件规定，如果在所有仪器仪表中，任一台（件、盒）出现不合格，则整个测量单元为不合格。

四、测量设备的 ABC 分类管理

为尽可能实现管理效果和管理成本的高度统一，企业可以按照测量设备使用的位置、用途、法制要求和重要程度，采取突出重点、兼顾一般的原则，将众多测量设备按照 A、B、C 分成三类，采用不同的方法进行管理。ABC 分类管理方法经过多年的探索和实践，已经得到企业的认可，目前在企业中应用十分广泛，它和标识管理结合起来，大大方便了企业对测量设备的管理，还降低了管理成本。

（一）分类原则

1.A 类测量设备

A 类测量设备是指实行定点定周期检定的强制检定计量器具和在生产经营中的关键场合使用的测量设备。A 类测量设备的量一般不大，但使用的位置和用途非常重要，应作为重点管理。一般来说，以下测量设备应纳入 A 类管理：

用于计量检定或计量校准的计量标准器具；不同级能源计量用计量器具；进出厂物料核算和散装产品出厂用计量器具；用于安全防护、环境监测、医疗卫生范围，并列入强检工作计量器具目录的计量器具。关键的原材料、元器件、外协外购件的关键质量验收用测量设备；产品的关键参数测量用测量设备；工艺过程中关键参数控制用测量设备；企业内部贵重物料、物品检测用计量器具。

2.B 类测量设备

B 类测量设备在法制要求、准确度等级和使用的重要程度方面低于 A 类测量设备，但其出具的测量数据对企业的生产、经营也存在着相当程度的影响，需要对其进行周期检定或校准。B 类测量设备的数量比较大，一般包括：新技术开发，新产品研制用测量设备；二、三级能源计量用测量设备；企业内部物料管理用测量设备；用于安全防护、环境监测、医疗卫生方面，但未列入强检工作计量器具目录内的计量器具；一般原材料、元器件、外协外购件的质量验收用测量设备；产品质量的一般参数测量用测量设备；工艺过程中非关键参数控制用测量设备。

3.C 类测量设备

C 类测量设备在企业也比较多，但基本是一些监视类仪表，准确度等级较低。此类测量设备一般无须实行周期检定，允许采用一次性溯源、损坏后更换的方法进行管理。

（二）分类管理要求

对 ABC 分类的测量设备按不同的管理方式，提出不同的管理要求。

1.A 类测量设备的管理要求

（1）量值溯源要求

A 类测量设备中，属强制检定的计量器具，应按强制检定的规定实施定点定周期的检定。其中，企业最高计量标准还应办理计量标准考核手续。属于非强制检定的测量设备，由企业制定具体的管理办法和规章，规定企业依法自主管理的计量器具明细目录及相应的管理要求，确定检定 / 校准周期，保证使用的各种测量设备能够受到控制。企业对 A 类测量设备应指定专职或兼职计量人员管理；同时还应加强对 A 类测量设备出具数据的监督。由于 A 类测量设备在国家法制管理和企业生产经营中的地位比较重要，因此，对于目前国内尚无能力进行检定 / 校准的 A 类测量设备，也可以由企业自行制定校准方法进行校准。企业可以采用测试或比对的方式对其可靠性进行验证，将测量数据或比对数据与测量过程对该测量设备的计量要求进行比较，看其是否满足测量要求，以免给企业造成不必要的经济损失。

（2）日常管理要求

A 类测量设备从其购入报废都必须做到逐台件、全过程的严格管理，防止其出现失控状态。

2.B 类测量设备的管理要求

（1）量值溯源要求

企业应制定具体的量值溯源管理办法和规章制度，规定在用测量设备管理明细目录、相应的管理要求和检定 / 校准周期。虽然 B 类测量设备在企业中的重要性稍低于 A 类测量设备，但从其出具的测量数据效力来看，它对企业的生产、经营也存在着相当程度的影响，所以企业也要充分保证其所出具数据的可靠性。

（2）日常管理要求

B 类测量设备从其购入报废也要做到逐台件、全过程的严格管理。

3.C 类测量设备的管理要求

（1）属于计量行政部门明令允许一次性检定的强检计量器具，企业应购买有一次性强检标志的计量器具，并制定出计量器具的使用、操作、维护、保管和报废管理制度，确保其完好性。

（2）对不易拆卸、需要与大修期同步进行检定 / 校准的测量设备，应明确同步检定 / 校准的时限。

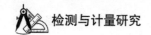

（3）对于无需进行量值溯源，只要求功能正常的测量设备，如在非关键场合使用、低值易耗、一般的指示用仪表，企业可以采用加强日常维护、进行功能检查的方式，保证其能正常使用即可。

五、不合格测量设备的管理

（一）管理原则

规定的不合格测量设备包括八种：损坏；超载；可能使其预期用途无效的故障；产生不正确的测量结果；超过了规定的确认间隔；误操作；封印或保护装置损坏或破裂；暴露在已有可能影响其预期用途的影响量中（如电磁场、灰尘）。

任何测量设备当出现这八种情况之一时，即为不合格测量设备，都应停止使用，隔离存放，并做出明显的禁用标识。凡属不合格测量设备，应在不合格原因已被排除并经再次确认合格后，才能重新投入使用。

在检定/校准时，如果检定/校准结果表明该测量设备不合格、需要调整或修理时，就应考虑在这以前用这些测量设备进行测量的结果可能存在超差风险。这时就应采取必要的纠正或纠正措施，如重新测量等。对这些需要调整或修理的设备，在调整修理后，必须对其重新进行检定/校准，合格后方可使用。如果无法修复，则应考虑降级使用或报废。而这种降级使用，会造成同一种类的测量设备存在不同的测量误差，也会给测量带来风险。因此，对降级后的测量设备改用其他用途的，使用时要特别慎重，应按规定进行计量确认，并用明显的标记将其改变后的状态清楚地显示出来，把这种测量设备区分开来。

对于多功能、多量程的测量设备，当其一种或几种功能、一个或几个量限出现问题时，状态正常的功能和测量范围还允许使用，但这些允许使用的功能或测量范围必须经过计量确认。特别重要的是应采取必要的措施，防止测量设备在出现故障的功能或量限内使用。计量确认标识应包含有对该测量设备使用限制的内容，也可根据测量设备的情况，在可能条件下采取其他限制措施。

（二）不合格测量设备的处理

对不合格测量设备规定的处置措施可包括如下内容：

按照标记管理要求，对发现的不合格测量设备首先做出明显的不合格标记，即贴上禁用标记，任何人禁止使用。当发现不合格测量设备时，应马上做出记录，明确记载不合格测量设备在工序中的具体部位，撤离使用现场，隔离存放。对无法撤离使用现场的测量设备，应采取必要的措施，防止其与合格测量设备混用或错用。

对已知不合格测量设备所给出的检测结果应进行评定，确认使用不合格测量设备给出的检测数据对被测对象的影响程度。

对不合格测量设备，根据具体情况可采取：①修理；②调整；③保养；④重新校准；⑤限制（量程、功能）使用；⑥降级使用；⑦报废等处置措施。

对不合格测量设备的处置措施，在程序文件中应做出规定。特别是采取降级使用、改为其他用途或报废处理等措施的，应由专门人员负责，并及时粘贴限用标识，标明使用限制范围。

（三）不合格测量设备出具数据的追溯确认

企业要制定数据追溯的程序和方法。方法包括：当发现不合格测量设备后，企业采用什么方法确定不合格现象已经发生了多长时间？企业根据不合格的严重程度，在什么情况下必须对已出具的测量数据全部重新测量？在什么情况下，可以对已出具的测量数据进行抽查，然后确定是否需要对其他已出具数据重新测量？在什么情况下，可以不必追踪以往的测量数据等。这些都要考虑周全，预先做出规定，以便当发现不合格测量设备后，可以立即按该方法和程序进行处理。

六、外来服务的利用

外来服务在企业计量检测体系中主要是指由外单位提供的检定、校准、维修、调试、测试、理化分析等服务活动。外来服务是市场经济建立和发展的必然趋势。企业建立大而全、小而全的测量手段来满足本单位的需要会导致测量资源浪费、产品成本增加，这种做法已经远远不适应市场经济新形势的要求。在有些情况下，利用外来服务可能比自己进行检定、校准、检验等还要经济有利。因此，可充分利用社会上计量技术力量，为企业提供测量保证。作为企业，应保证对测量的可靠性有重大影响的外来服务（如检定、校准）满足所需要的质量水平。但是利用外来服务也会带来一些问题，这就是能否保证外来服务的质量并及时满足生产或服务的需要。对企业的计量检测体系而言，不对外来服务进行确认管理，就不是一个完整的体系。因为外来服务的质量也必然会对测量可靠性产生影响，所以必须采取有效措施加以控制。对于外来服务的质量控制，也应编制相应的管理程序，其管理内容主要有如下几种：

（一）计量检定

计量检定是常见的外来服务方式。企业最高计量标准的溯源，企业对不能自检的计量器具计量特性评定，大都是通过向外单位寻求计量检定服务而解决。对计量检定服务有效

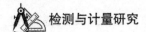

性的控制，也是企业计量检测体系中的重要环节。企业可根据就地就近、经济合理的原则，选择经政府计量行政部门考核合格授权的计量技术机构提供计量检定服务。被授权的计量技术机构有责任向顾客出示本机构的计量授权证书，证明其检定工作资质与能力。

（二）计量校准

对计量器具的管理按计量法律规定分为强制管理和依法管理两种模式。依法管理计量器具的量值溯源可以用检定，也可以用校准来实现。校准是企业的自愿行为，其目的是确定测量设备所指示或代表的量值与对应的由计量标准所复现的量值之间的关系。校准执行校准规范或校准方法，但校准不判断被校准的测量设备合格与否。校准结果能否满足用户使用需要，应由用户根据校准结果和计量要求来判断。校准结果以校准数据结合校准曲线或校准因子等形式做出展示。对校准数据是否满足计量要求进行计量确认，是企业计量不可回避的工作内容。

（三）计量修理、安装、调试

对测量设备的维修、安装、调试方面的外来服务，应选择具有政府计量行政部门颁发相关许可证的单位。完成维修、安装、调试的测量设备的质量验收，应由提供服务的单位以有关计量技术机构检测后出具检定／校准证书为据。企业应对提供计量修理、安装、调试的单位进行资格和能力、技术水平、服务价格等方面的比较，确定服务单位，保存对服务方的评定结论。

（四）外来服务的质量控制

企业对外来服务方面采取相应的质量控制措施，能大大降低对测量可靠性的不利影响。企业应根据计量法律法规要求，维护自己的合法权益，对外来服务提出客观的、适当的、具体的要求。

企业应选择按符合计量法律要求的单位提供的外来服务，并对该单位的外来服务能力进行评价。需要时，应向自己的顾客提供证据。如果顾客认为这种评价证据不充分时，应改进评价内容或方式重新评价，或重新选择经认可的单位来满足用户的要求。

对于新采购测量设备，需要由外部机构进行验收检定／校准的，还可以对双方认定的计量技术机构进行联合评定，以实施对外购产品的质量控制。

企业应将对外来服务质量控制纳入自身的计量检测体系之中。企业应向用户保证，这些外来服务也符合企业计量检测体系的要求。

如发现外来服务的质量下降时，应立即要求服务方进行整改。如整改后仍达不到本企业的要求时，应终止与其的服务供求关系。

企业要把以上原则写到企业的计量管理手册和程序文件中去。这一条的关键是对外来服务进行质量承认。质量承认的方式有许多种，可以直接去认可，也可以让提供外来服务单位提交经考核合格的证明。该证明可以是某一项产品或标准器的考核证书，也可以是某一机构的考核或认证证书。我们希望的是对外来服务提供机构质量保证体系的评价，而不是单纯对外来服务结果的重新测量或重新校准。

第三节　测量设备的量值溯源

我国计量技术规范对"溯源性"的定义为：通过一条具有规定不确定度的不间断的比较链，使测量结果或测量标准的值能够与规定的参考标准，通常是与国家测量标准或国际测量标准联系起来的特性。负有计量职能的管理者应确保所有测量结果均可溯源到国际单位制单位。也就是说，无论是什么性质的测量，其测量结果如果不能保证溯源性，测量则缺乏可比性，测量就失去了意义。

一、测量设备溯源的方法

（一）计量检定

计量检定是按照国家计量检定系统表和计量检定规程，查明和确认计量器具是否符合法定要求的程序，将国家计量基准所复现的计量单位量值通过计量标准自上而下地逐级传递到工作用计量器具，包括检查、加标记和（或）出具检定证书。检定具有法制性，其对象是法制管理范围内的计量器具。检定的依据是按法定程序审批公布的计量检定规程。计量检定分为首次检定和后续检定。

1. 首次检定

首次检定是对未曾检定过的新计量器具进行的检定。目的是确定新生产计量器具的计量性能，是否符合型式批准时规定的要求。首次检定一般由法制计量部门做出规定和要求，由计量器具的制造者、进口者、销售者或使用者提出申请。首次检定应在计量器具使用之前进行。首次检定的地点可以在工厂、用户现场、法制计量技术机构的实验室或授权的独

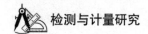

立实验室内进行。首次检定也可分步完成。例如，首次检定的一部分内容在安装之前，在法制计量技术机构的实验室内进行，而另外的内容可在安装完毕后，在使用地点进行。

2.后续检定

后续检定是计量器具首次检定后任何一种检定。包括强制性周期检定、修理后检定、周期检定有效期内的检定。后续检定的时间间隔一般在计量检定规程中规定。当使用者对计量器具的性能发生怀疑或觉察到功能失常时，或当顾客对计量器具性能不满意时，可随时提出检定要求。特别是修理后及封印失效后，必须重新检定。

周期检定是按规定的时间间隔和规定程序，对计量器具定期进行的一种后续检定。它是后续检定的一种重要形式，是对使用中计量器具进行的有效期管理。

（二）计量校准

计量校准是在规定条件下，为确定测量仪器或测量系统所指示的量值，或实物量具及参考物质所代表的量值，与对应的由标准所复现的量值之间关系的一组操作。计量检定和计量校准的区别在于：计量检定具有法制性，严格按照检定系统表进行传递；计量校准具有一定的灵活性，不一定严格遵守逐级传递的原则。对于计量校准，企业可以根据测量的需要，确定溯源所用计量标准的准确度等级，甚至可以将一般测量设备直接向国家工作基准寻求溯源。因而，除了强制检定的计量器具之外，对测量设备采用计量校准方式保持其所需的测量设备计量要求，已成为现今企业的一种重要溯源方式。

（三）计量测试

计量测试是无法实现计量检定或者计量校准时，为确定被测对象的技术特性或功能，而进行的带有试验性质的测量活动，其目的是为测量设备的使用者提供相关测试数据，供其对测量设备是否满足测量的要求进行判定。随着测量技术的快速发展，测量设备的品种数量和科技含量也在快速增长，现行的计量检定和计量校准方式已经远远不能满足各行各业对量值溯源的需求。因此，对测量设备的计量测试也已成为当前一种重要溯源方式。

（四）计量比对

计量比对是在规定条件下，对相同准确度等级或指定不确定度范围的同种测量仪器复现的量值之间比较的过程。计量比对活动可以间接保证测量设备量值的准确并实现溯源要求，计量比对工作的组织、实施、评价可以按照要求进行。

二、测量设备的溯源原则

（一）一般原则

一般来说，所有纳入计量检测体系的测量设备都要进行溯源。所有测量设备应包括：测量仪器；计量器具；测量标准；标准物质；进行测量所必需的辅助设备；参与测试数据处理用的软件；检验中用的工卡器具、工艺装备定位器、标准样板、模具、胎具；监控记录设备；高低温试验、寿命试验、可靠性试验等设备；测试、试验或检验用的理化分析仪器。

对于不纳入本企业计量检测管理体系的测量设备，企业应明确规定，以便与计量检测体系管理内的测量设备有所区分。

（二）例外原则

对作为无须出具量值的测量设备，或只须做首次检定的测量设备，或一次性使用的测量设备，或列入 C 类管理范围的测量设备，不一定强调必须进行定期溯源。

（三）溯源有效性的评价

企业的测量设备往往不会直接溯源到国家或国际基准，企业的溯源链中并没有该测量结果是否能溯源到国家或国际基准的反映。但作为企业来说，可以采取以下方法，提高测量设备溯源到基准的可信度。

1.溯源到资质齐全、检测能力强的计量技术机构

往往法定计量检定机构可信度高，高层次的法定检定机构比低层次的可信度要高。

2.获取高质量的计量检定 / 校准证书

高质量的证书数据齐全、信息量大，有明确溯源到基准的说明。

3.绘制量值溯源图

企业的溯源图与上一级技术机构溯源图联系起来，可以逐级反映出溯源到什么地方，溯源链是否连接到基准。

（四）测量设备非常规溯源的控制方法

与相关领域的其他测量标准建立测量联系；使用有证标准物质；组织测量设备比对；自行制定校准规范；采用统计技术进行数据控制；单参数溯源或分立元件溯源后，再进行综合评价。

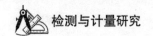

（五）溯源的实施

建立了溯源链后，要严格按传递要求落实，不要随意改变。如果需要改变溯源单位，就要重新设计测量过程，进行溯源调整的评价和审核。符合企业计量要求的，才能改变溯源单位、调整溯源方向、确认溯源参数。

三、测量设备的溯源要求

（一）计量标准考核

企业、事业单位的最高计量标准属于强制管理范围，必须由政府计量行政部门组织考核，按照计量行政部门的指定，到计量技术机构进行定点、定期的检定。也就是由国家计量行政部门对企事业单位的最高计量标准进行计量确认。

（二）强制检定管理

属于国家强制检定管理的计量器具，要按照政府计量行政部门的规定登记、造册、申请、备案，到政府计量行政部门指定的计量技术机构进行定期、定点的强制检定，使用单位无权随意变更检定单位。

（三）依法自主管理

依法自主管理是对企业能源消耗、经营管理、工艺过程和产品质量控制等活动中，所使用的非强制检定的测量设备，可以由企业按自己的测量要求对其进行自行检定、校准、测试、比对，或者选择有资格的计量技术机构进行检定、校准、测试、比对。

四、测量设备的强制检定

（一）强制检定的范围

县级以上人民政府计量行政部门对社会公用计量标准器具，部门和企业、事业单位使用的最高计量标准器具，以及用于贸易结算、安全防护、医疗卫生、环境监测方面的列入强制检定目录的工作计量器具，实行强制检定。

属强制检定管理范围的计量器具共有六类，也可以称为"两标四强"。其中，社会公用计量标准器具和企业、事业单位的最高标准器具的强检管理，又可以分为计量标准考核和周期检定合格两部分内容。对于工作计量器具，是否属于强检管理，要具备以下两个条件，两者缺一不可：①必须是列入强检计量器具目录内的器具；②必须是用于贸易结算、安全防护、医疗卫生和环境监测四方面的。

（二）强制检定的实施

强制检定是国家以法律形式强制执行的检定活动，任何单位或个人都必须服从。在强制检定的实施中，企事业单位必须注意以下各点：

必须将其使用的企业最高计量标准器具和强制检定的工作计量器具登记造册，报送当地县（市）级人民政府计量行政部门备案，并向其指定的计量检定机构申请周期检定。当地不能检定的，由上一级人民政府计量行政部门指定的计量检定机构执行周期检定。

强制检定的周期，由执行强制检定的计量检定机构根据计量检定规程和计量器具的计量特性确定。

属于强制检定的工作计量器具，未申请检定或检定不合格者，任何单位或者个人不得使用。

强制检定的实施也可申请由本单位进行。所用计量标准，必须经计量标准考核合格并接受社会公用计量标准的检定。承担内部强检，必须取得政府计量行政部门的计量授权。执行强检的人员，必须经授权单位考核合格确认。检定必须按有关规定的检定规程进行；必须接受授权单位对其检定工作的监督。

五、测量设备的依法自主管理

对于强制检定管理范围之外的其他测量设备，企业也必须依照相关要求自主管理，可以由企业按自己的测量要求对其进行自行检定、校准、测试、比对，也可以选择有资格的计量技术机构进行溯源。

六、溯源计划的制订

为了保证生产和服务活动中所用测量设备的溯源活动的实施，企业必须制订溯源计划。一般来说，溯源与计量确认可以合用一个计划，其名称二者均可。

（一）制定原则

溯源计划制订的原则如下：保证生产的需要。对流程生产型企业，应考虑利用设备维修时间和生产间歇时间。尽可能使溯源工作在全年各个月份均衡地进行，以便充分利用资源、提高效率。需要由外部进行的溯源工作，要统筹安排，保证及时满足本单位的需要。

溯源计划最好用表格的方式表示，一目了然。企业可以根据自己的实际情况和管理方

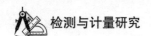

法，对测量设备的溯源要实施动态控制管理。能随时知道现在有多少测量设备正处在溯源过程中，在何处溯源，何时完成，下个月又将有多少测量设备需要溯源。

（二）溯源间隔的选择与调整

相邻两次量值溯源之间的时间间隔称为溯源间隔。根据预期用途的特点，溯源间隔可以是时间间隔，也可以是使用次数的间隔。随着测量设备使用时间的增加，其准确度会逐渐发生变化，到一定时间，其准确度可能不满足预期使用要求。如果用该测量设备进行测量，其测量结果的误差有可能使不合格的产品被判为合格（误收），可能会引发顾客退货，甚至要求赔偿，从而给企业造成巨大的经济和信誉损失。另一方面，也有可能将合格品判为不合格品（误判），同样也会造成经济损失。因此，测量设备经过一段时间，就需要重新检定／校准，重新确认，以保证使用中测量设备是合格的。大家所熟悉的检定周期就是溯源间隔。

1.溯源间隔的确定原则

对校准间隔及计量确认间隔的规定为：用于确定或改变计量确认间隔的方法应用程序文件表述。计量确认间隔应经评审，必要时进行调整以确保持续符合规定的计量要求，以满足计量要求为目的这一溯源（确认）间隔选择原则。一般检定规程中都规定了检定周期。大多计量器具的检定周期是固定的，一般规定为一年。其实，不同测量仪器，使用条件不同，使用频次不一，准确度变化也不一样，规定同样的周期，是不合理的。溯源（确认）间隔过长，会使测量设备准确度超出允许范围，从而可能造成误判、误收的风险，带来经济损失。但是，确认间隔也不能太短。太短了，测量设备要经常校准，或者会影响生产，或者需要配备更多的周转仪器设备，同时还要支付更多的溯源服务费用，从而影响经济效益。因此，正确选择溯源（确认）间隔就是要减少误判、误收风险和溯源成本，使两者达到最佳匹配，既要实现测量目标，又要将确认的平均支出减到最小，以求得最大的经济效益。

2.影响确认间隔的因素

不同的测量设备，可靠性不一样，其溯源（确认）间隔也不一样。同样的测量设备，使用情况不一样，溯源（确认）间隔也会不一样。影响测量设备溯源（确认）间隔的因素很多，主要有：测量仪器的类型（耐用性）；测量设备的准确度要求；使用的环境条件（温度、湿度、震动、清洁、电磁干扰等）；使用的频度；维护保养情况；制造厂的生产质量；核查校准的频次和方法；测量结果的可靠性要求；溯源历史记录所反映的变化趋势；溯源（确认）费用等。

3. 确认间隔的选择方法

按每台测量设备确定；按同一类测量设备确定；按同一类测量设备中同一准确度等级的测量设备确定；按测量设备某一参数测量不确定度变化确定；按测量风险度确定；按法制要求确定。

对于一种新的测量设备，一般可以由有经验的人员根据有关的检定规程、所要求的测量可靠性、使用的环境条件、使用的频度等信息，人为地选定一个初始的溯源（确认）间隔。初始的溯源（确认）间隔经过一段时间的试用，对于能够满足计量要求、溯源（确认）成本合理的，可以保持不变。如发现不能够满足计量要求，或溯源（确认）成本较高时，可以根据试用情况进行适当调整。但调整必须在保证测量设备满足计量要求的前提下进行。测量设备溯源（确认）间隔的调整方法主要有：阶梯式调整法、控制图法、日历时间法、在用时间法、现场试验法和"黑匣子"试验法、最大可能估计法。

七、相关概念的比较

检定、校准、比对、计量确认概念的比较见表 2-1。

表 2-1 检定、校准、比对、计量确认概念的比较

	检定	校准	比对	计量确认
定义	查明和确认计量器具是否符合法定要求的程序。它包括检查、加标记和（或）出具检定证书	在规定条件下，为确定测量仪器或测量系统所指示的量值，或实物量具或参考物质所代表的量值之间关系的一组操作	在规定条件下，不同测量设备对同一技术指标进行测量，并将测量结果予以比较的测量活动	为确保测量设备符合预期使用要求所需的一组操作
目的	确定是否符合法定要求	对被测对象赋值	监控测量设备的示值的可靠性	通过溯源和验证等活动，确定测量设备是否符合特定测量过程的计量要求
性质	具有法制性	不具有强制性	弥补无法溯源的一种措施，不具有强制性	不具有强制性
适用范围	强制检定计量器具或企业要求检定的非强检计量器具	非强检测量设备	非强检测量设备	需要确定测量设备是否符合特定测量过程的计量要求的测量设备
管理要求	必须建立计量标准，并经考核合格，在规定的范围内工作	必须建立计量标准，并经考核合格，在规定的范围内工作	无	无
依据	按国家检定系统表、检定规程	计量校准规范	自行选择比对方法	计量确认文件

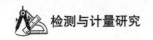

结果处理	判定合格与否	确定示值或示值误差	确定比对对象之间量值的差异程度	确定测量设备是否符合特定测量过程的计量要求
证书形式	检定证书或检定结果通知书	校准证书或校准报告	比对总结	计量确认标识
证书效力	具有法律效力	由国家授权机构进行时，具有法律效力；企业自行进行时，仅作为证明	仅作为溯源性或质量考核证明	对该测量设备能否在某测量点使用的提示

第四节　测量设备的计量确认

测量设备的计量确认是测量设备管理的一项重要工作。计量确认的目的是保证测量设备能处于满足使用需要状态而进行的活动。计量确认是为确保测量设备符合预期使用要求所需的一组操作。

计量确认通常包括校准和检定（验证）、各种必要的调整或维修及随后的再校准、与设备预期使用的计量要求相比较以及所要求的封印和标签。

只有测量设备已被证实符合预期使用并形成文件，计量确认才算完成。

预期用途要求包括测量范围、分辨力、最大允许误差等。

计量要求通常与产品要求不同，并不在产品要求中规定。

一、过程的基本概念

过程的三要素是输入、输出和活动。将输入转化为输出的条件是资源，转化的动因是活动的实施，活动可以通过程序来实现。企业中有许多不同种类的"过程"，如计量确认过程、测量过程、质量控制过程、生产计划过程等。这些"过程"有的互相重叠，有的自成体系，但都是有着相互联系和相互作用的。例如，测量过程是质量管理过程的一部分，质量管理过程也是测量过程的一部分。过程之间是相互影响、相互牵连的，甚至一个过程决定另一个相关的过程的质量。例如，产品的检测过程需要测量设备校准过程予以支持，测量设备不准，就难以保证检测数据的准确。所以，确定过程之间的相互联系，制定管理程序文件，实施科学管理是至关重要的。正确识别并有效管理这些过程，也是过程方法原则的体现。特别是要注意识别不同职能过程之间的接口，如生产过程和质量控制过程的衔接之处，质量控制过程与计量确认过程的衔接之处，计量确认过程与测量过程之间的关联之处等。将各个过程之间的相互关系、相互作用识别清楚，更有利于过程的控制。

二、计量确认过程的基本概念

计量确认过程是将过程管理思想做到充分的应用，把计量确认活动作为一个"过程"对待，保证计量确认结果对企业生产经营活动的实用性和有效性，早期发现问题，及时纠正缺陷，减少纠正措施实现所带来的人力、物力、财力的浪费。例如，对于工艺控制中使用的测量设备，如果我们只注意它是否进行了检定/校准，不注意它的检定/校准结果能不能满足预期的计量要求，其结果很可能会造成测量设备是准确的，但工艺过程却失控，从而造成最终产品质量不合格。要纠正产品质量问题，就要花费大量的人力、物力、财力。比如，要对不合格品、缺陷品进行修补、重做，就会增大原材料、能源、工时的消耗等。

对测量设备进行计量确认的目的，是保证测量设备持续符合计量要求。测量设备的计量确认过程应包括检定/校准、验证、决策和措施三大过程。要注意，检定/校准（也就是测量设备的溯源）仅仅是计量确认这个大过程中的一个子过程，不能将计量确认单纯理解为就是检定/校准。

计量确认过程的输入有两个：一个是测量过程对测量设备的计量要求，一个是测量设备具有的计量特性。计量确认过程的输出是：测量设备处于计量确认状态。计量确认活动始终围绕保证测量设备能处于满足使用需要状态而进行。

测量过程和计量确认过程是两个不同的概念。测量过程针对的是进行测量的全过程；计量确认过程针对的是测量设备。测量过程要考虑测量设备的配备、测量方法的选择、测量人员的素质确定、测量设施和测量环境条件的配置等方面；计量确认过程要考虑的是如何保证在每个测量点所使用的测量设备都是准确、可靠、有效的。可以说，对测量设备的计量要求应从测量过程设计中导出。为了确保测量过程所用测量设备能够满足计量要求，测量过程设计时必须根据被测量对象参数、测量环境条件、测量方法、测量设施、测量影响量和测量者技能等情况，对每个测量过程中使用的测量设备的性能特性提出相应的计量要求。计量确认过程中的计量要求侧重于对测量设备的计量特性要求。

三、计量确认过程的实施

计量确认过程的实施主要围绕计量确认过程的设计、测量设备的量值溯源、计量验证、决定和采取措施、计量确认过程记录五大环节进行。计量确认的实施，包括按程序进行的

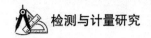

各项活动。

（一）计量确认过程的设计

计量确认过程设计中，过程的输入是对测量设备的计量要求，输出是形成计量确认过程需要的各种程序文件、作业指导书和工作记录。计量确认过程的设计，应本着充分利用现有资源、降低确认成本的原则，使其实现增值。因此，在设计计量确认过程时，要特别注意各个子过程中容易发生的问题，如何及时予以纠正。要注意各部门职责清晰，各项活动接口清楚，不要重叠，不要遗漏。计量确认过程的设计包括确认程序文件的编写，确认作业指导书的制定，确认记录的设计，测量设备的量值溯源，确认验证的方法和判断准则，测量设备调整维修方法，计量确认间隔的调整，技术文件的管理，封印和标识的形式和使用等。

（二）测量设备的量值溯源

计量确认过程中的计量要求侧重于对测量设备的计量特性的评定，主要途径是测量设备的量值溯源。对测量设备进行有效的溯源，是实施计量确认的核心内容。测量设备计量确认过程的确认方式是计量校准。根据我国计量法律法规的要求，实现测量设备的溯源方法有计量检定、计量校准、计量测试、计量比对等。对于测量设备的溯源详见本章第三节"测量设备的量值溯源"的内容。

（三）计量验证

1.计量验证的基本概念

通过提供客观证据对规定要求已得到满足的认定。计量验证的概念是：测量设备在溯源后，将通过溯源获得的测量设备的计量特性与测量过程对测量设备的计量要求相比较，以评定测量设备是否能满足预期用途的过程，常常被称为计量验证。

2.计量验证的输入

计量验证过程的输入有两个：一个是通过溯源获得的测量设备的计量特性实际值，一个是在测量过程的设计中提出的对测量设备的计量要求。输出是验证合格、不能验证或不符合计量要求的验证记录和结论。其活动是将测量过程设计的测量设备的计量特性与测量设备的计量特性实际值进行比较。资源是测量过程设计中确定的测量设备计量特性、测量设备的检定/校准证书或报告、使用环境条件和安装位置等。

（1）测量设备的计量特性

测量设备的计量特性是指测量设备的影响测量结果的可区分的特性。测量设备通常有若干个计量特性，计量特性可作为检定 / 校准的技术指标。测量设备的计量特性可以从以下指标考虑：

①测量范围

测量仪器的误差处在规定极限内的一组被测量的值。

②偏移

指测量设备示值的系统误差。

③重复性

在相同测量条件下，重复测量同一被测物品，测量仪器提供相近示值的能力。

④稳定性

指测量设备保持其计量特性随时间恒定的能力。

⑤漂移

指测量设备计量特性的慢变化。

⑥影响量

影响量是指不是被测量但对测量结果有影响的量。

⑦分辨力

测量设备的显示装置能有效辨别的最小示值差。

⑧鉴别力（阈）

使测量设备产生未察觉的响应变化的最大激励变化，这种激励变化应缓慢而单调地进行。

⑨示值误差

测量设备示值与对应输入的真值之差。

⑩死区

不致引起测量设备响应发生变化的激励双向变动的最大区间。

（2）对测量设备的计量要求

测量设备的计量要求是在测量过程设计中导出的。计量要求通常可表示为最大允许误差、允许不确定度、测量范围、稳定性、分辨力、环境条件、操作者的技能要求等。测量设备的计量要求与测量设备的计量特性有时是相互对应的。

3.计量验证的输出

计量验证的过程就是把测量设备的实际计量特性与对测量设备的计量要求相比较。计量验证结果的输出有两种可能：一种是测量设备的计量特性符合计量要求，一种是测量设备的计量特性不满足计量要求。无论满足还是不满足计量要求，都应给出验证结果，转入下一过程"决定和采取措施"。验证合格，允许投入使用：验证不合格，不能投入使用。

例如，某测量设备的计量要求仅规定了示值的最大允许误差，将该测量设备经检定／校准后的示值误差与规定的最大允许误差比较。如果该测量设备的示值误差小于最大允许误差，说明该测量设备满足其计量要求，验证合格；如果该测量设备的示值误差大于最大允许误差，说明该测量设备不能满足其计量要求，验证不合格。如果某测量设备的计量要求不仅规定了最大允许示值误差，还规定了允许的漂移值等指标，则应针对各个指标分别进行验证，最终得出验证结论。

4. 验证的方法

验证的方法应本着减少验证成本、保证验证质量的原则进行。对于固定的检测点，只要被测量技术指标没有改变，验证活动可以在初配测量设备时进行一次即可；周期确认只考虑测量设备的计量特性；被测量技术指标如果发生改变，就要重新进行验证。

（四）决定和采取措施

根据计量验证的结果采取相应的决定和行动，主要是评价测量设备是否满足企业预期使用的计量要求。对经验证合格的测量设备，应给出计量确认合格状态标识，以清楚地表明该设备可使用于某测量过程。对经验证不合格的测量设备，应进行调整、维修，再检定／校准等。必要时，采取相应的纠正措施或者预防措施。比如，对原计量确认间隔的合理性进行评审，根据评审结果，可以对该测量设备的计量确认间隔进行调整。由于不同测量过程对测量设备的计量要求不同，因此测量设备只能用于被确认的测量过程。为防止测量设备的误用，必须在验证确认结果中明确说明，并在测量设备的确认状态标识中清楚地表述。

决定和采取措施的过程有一个输入，即验证结论。其输出是计量确认标识。在这个过程中，又包含了调整或维修、检定／校准、确认状态标识的标注三个小过程。

1. 调整或维修

经过计量验证，如果校准结果不符合测量设备的计量要求，该测量设备还要经过调整或维修，直至验证合格，满足使用要求。调整或维修过程的输入是不符合测量设备计量要求的验证结论，其输出是调整或维修报告。活动是调整或维修。资源是调整或维修的设备、设施、人员、方法等。

如果被验证不合格的测量设备能够进行调整或修理，应进行调整或修理，并在调整或修理后重新对该设备进行检定／校准。如经过重新验证符合要求，则可按验证合格的设备实施流转。但是，应对该设备的确认间隔重新进行评定，必要时应对确认间隔进行调整，以确保在确认间隔期间的正确使用。如果该设备已经不具备调整修理价值，则给出验证不合格的报告，并在设备上给出不合格状态标识，并按不合格测量设备管理程序处理。

2. 检定 / 校准

对经过调整或维修后的测量设备，还要经过再一次检定 / 校准，评定其计量特性指标。

3. 确认状态的标识的标注

对于经过验证的测量设备，均应加贴计量确认状态标识。计量确认状态标识是指测量设备经过验证，确定其是否符合使用要求、是否可以用于某特定测量过程所给出的管理标识。测量设备确认状态的标识一般分为三类：准用（合格）、限用、禁用。其分类的目的主要是表明测量设备被确认的状态，使测量设备的使用者根据标识直观判断其是否能够使用，方便计量检测现场管理。

（五）计量确认过程记录

计量确认的目的是保证测量设备满足使用的计量要求。计量确认过程是确定测量设备计量性能的最基本过程。计量确认无论采用何种方式，必须形成并保存好测量设备计量确认过程记录，作为计量确认合格与否的证据，以便需要查找不合格原因时进行追溯。计量确认过程记录是测量设备满足使用计量要求的客观证明，计量确认必须由授权人员来进行，计量确认过程记录必须由授权的人员签字，由授权的复核人员签字认可，证明计量确认结果的正确性和可靠性。

计量确认过程记录应当规定保存期限，保存的时间取决于顾客的要求，法律、法规要求和制造商的责任等因素。有关测量标准的记录可能需要永久保存。

1. 计量确认过程记录的内容

测量设备的制造商、型号规格、出厂编号、企业管理编号等；完成计量确认的日期，计量确认结果，规定的确认间隔，计量确认程序的识别，使用限制，执行计量确认的人员，对记录信息的正确性负责的人员等。

2. 对计量确认过程记录的基本要求

记录的形式可以手写，电脑输入，采用纸质、硬盘、软盘或其他介质保存；记录的保存期限可根据程序文件的规定执行；记录的填写、修改要符合记录管理程序的规定。

第三章　电磁式热量表的校准

作为最新发展起来的电磁式热量表,与应用多年的机械式热量表和超声波热量表相比,电磁式热量表在耐久性、可靠性、计量精确度等方面具有无可比拟的突出优点,本章以电磁式热量表的校准进行探讨。

第一节　热量表的计量精度

热量表共分为三个精度等级,即:一级表、二级表和三级表。首先需要说明的是热量表的精度等级不能用一个固定的误差数字来描述,比如2%或5%等等,因为即便同一精度等级的热量表,随着工作条件不同,对它的误差要求也是不同的。

一、整体式热量表的计量精度

由于整体式热量表的各计量部件在逻辑上是不可分割的,所以它的精度必须由标准装置一次性给出,它的误差极限分别由式(3-1),(3-2)、(3-3)给出。

一级表:$E= \pm [2+4 (\Delta t_{min}) / (\Delta t) +0.01 (qp)]\%$

式(3-1)

二级表:$E= \pm [3+4 (\Delta t_{min}) / (\Delta t) +0.02 (qp)]\%$

式(3-2)

三级表:$E= \pm [4+4 (\Delta t_{min}) / (\Delta t) +0.05 (qp)]\%$

式(3-3)

其中,E——相对误差极限,%;

Δt_{min}——最小温差,℃;

Δt——使用范围内的温差,℃;

qp——常用流量,m^3/h;

二、分体式热量表的计量精度

分体式热量表的计量精度是由组成热量表的流量计、温度传感器和积算器各自的计量精度共同决定的，其误差极限是上述三个部件各自误差的算术和（也就是绝对值的和）。其中，各部分的误差极限分别计算。

（一）流量传感器误差极限公式

一级表：$E = \pm [1+0.01(qp)/(q)]\% \leqslant 5\%$

式（3-4）

二级表：$E = \pm [2+0.02(qp)/(q)]\% \leqslant 5\%$

式（3-5）

三级表：$E = \pm [3+0.05(qp)/(q)]\% \leqslant 5\%$

式（3-6）

其中，qp——常用流量，m^3/h；

q——使用范围内的检测点流量，m^3/h。

（二）配对温度传感器的温差误差极限公式

$$E = \pm [0.5+3(\Delta t_{min})/(\Delta t)]\%$$

式（3-7）

其中，Δt_{min}——最小温差，℃；

Δt——使用范围内的温差，℃。

（三）积算器误差极限

$$E = \pm [0.5+(\Delta t_{min})/(\Delta t)]\%$$

式（3-8）

其中，Δt_{min}——最小温差，℃；

Δt——使用范围内的温差，℃。

可以看出，在分体式热量表中，由于流量计精度分为三个级别，所以导致分体式热量表的计量精度也分为三个级别，也可以说分体式热量表的计量精度取决于流量传感器的精度。

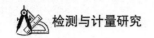

第二节　热量表的检测方法

热量表的检定从原则上来说，应当尽可能模拟实际工作的状态来进行。但是热量表的实际状态是由流量和温差两个参数的任意组合确定的，很难模拟所有的实际状态，所以，通常用下面的方法进行检测：

一、整体检定法

整体式热量表最好用整体检测方法进行检定，具体做法是由实验室标准的检定装置分别设定一个流量和温差，热量的标准值由标准装置直接给出，把被检热量表的热量示值与标准装置的实流标准值进行比较，即可得到被检热量表的误差。

二、分体检定法

分体检定法就是用不同的检测装置对热量表的流量传感器、温度传感器和积算器分别进行检定，在得到三部分的误差后，它们的算术和即认为是热量表的整体误差，而且不再产生新的误差。具体做法如下：

（一）流量传感器的检定

就是只检测流量计在流量计量方面的性能，其性质就如同检测一块水表，不过对于热量表的流量计，还要检测其在不同温度的热水状态下的计量特性。一般的做法是，根据被检流量计的额定流量 Qn 在标准装置上设定不同的流量点（流速）和不同的温度条件，来综合考察被检流量计的误差。流量点的设定如下：

出厂检验分三点：1.1qmin，0.1qp，qp。

型式检验分六点：1.1qmin，0.1qp，0.3qp，0.5qp，qp，0.9qp。

其中：qp——常用流量，m³/h；

qmin——最小流量，m³/h。

以上流量点分别在常温、（50±5）℃、（85±5）℃的条件下各测量一遍。

所得到的测量结果按下式计算误差。

$$E=（示值-标准值）/标准值 \times 100\%$$

式（3-9）

其中标准装置通常采用容积法、称重法和标准表法三种。容积法受温度的变化和介质的气化影响较大，所以很少采用。目前流行的做法是把称重法和标准表法结合使用，即用标准表来保证操作的自动化，用称重来保证检测的精度。

（二）温度传感器的检定

如果某些整体表的温度传感器和积算器是固定在一起的，那么将把温度传感器的误差和积算器的误差加在一起，否则，就将温度传感器进行单独检定。其做法是，把温度传感器放入恒温装置中，在不同的温度点下，考察其所示温度与标准温度的误差。需要注意的是，对于温度传感器不光要进行单支检测，更重要的是还要检测其配对误差。

（三）积算器的检定

由于积算器的设计原理各不相同，所以最好针对其各自的原理使用相应的检定方法。具体做法是，通过模拟装置把温差信号和流量信号输入积算器，然后考察其热（冷）量计算结果与理论计算结果的误差。

（四）关于首次检定

作为计量器具，热量表在安装使用前必须由国家有关部门进行安装前的首次检定。首次检定与生产检定或型式检定在检测方法上是有区别的，因为首次检定的热量表是作为商品进行的使用前的检定，其检定方法不能对产品本身产生影响甚至损坏，这样就意味着，难以用分体检定的方法对其进行检定，须根据具体产品具体对待。

第三节　热量表的实验室校验

一、电磁流量传感器流量实流校准

电磁流量传感器在制造厂出厂前和使用一段时间后离线的周期检定，均在实验室专用流量校准装置上用水作为流体进行实流校准，以确定仪表的流量参数指示值及其准确度。

电磁流量计在流量标准装置上校准时与标准值的比对方法可分为流量法和总量法两类。

流量法就是瞬时流量比对法，这种方法要求在预定的稳定流量下进行，仪表在预定的示值流量 $(q_v)_m$ 下运行一段时间 t 后，在标准装置上收集到流过仪表的流体容积 V_s，求得标准流量（q_v）$_s$=V_s/t，然后比较（q_v）$_s$与（q_v）$_m$。这是传统的仪表实流校准方法，要求在t时间内流量q_v、有较高的稳定性。由于这种方法对标准装置的流量稳定性要求比较高，因此极少采用。

总量法是比对仪表的累积体积流量值 V_m 和标准装置测得的标准体积 V_s，以确定仪表的示值或误差。虽然校准是在指定的流量下进行，由于比对的量是总量，所以对流量稳定性的要求可以低些。

流量仪表采用总量法校验方法后，降低了对流量稳定性的要求，简化了流量标准装置维持流量稳定性的设施，特别在大型装置上大幅度降低了高位槽溢流所需能量消耗。这种方法已普遍为仪表制造厂所采用。但是传统的检验方法在研究和计量机构内仍处于重要地位，用来研究开发或评定流量仪表的性能。

目前，电磁流量计实流校准常用的方法有容积－时间法、质量－时间法和标准流量计比对法。前两者所用流量标准装置称原始标准装置，后者称传递标准装置。

（一）电磁流量传感器流量实流校准标准装置

1. 容积－时间法流量实流校准标准装置

容积－时间法流量实流校准标准装置是一种典型的装置结构，其工作原理简述如下：首先水泵将水池中的水打入水塔，在整个实验过程中使水塔处于有溢流状态，以保证系统的压头不变。

检测实流体的流程是，打开截止阀，水通过上游侧直管段、被检流量计、下游侧直管段、夹表器、调节阀和喷嘴流出试验管路。

在试验管路出口处装有换向器，换向器是用来改变液体的流向，使水流流入工作量器中，换向器启动时触发计时控制器，以保证水量和时间的同步测量。试验时，可根据流量的大小选用一个工作量器计量水量，若选用工作量器，则关闭放水阀，打开放水阀，并将换向器置于使水流向工作量器的位置。用调节阀将流量调到所需流量，待流量稳定后，启动换向器，将水流流入工作量器。换向器动作过程中启动计时器计时和被检流量计的脉冲计数器计数。当到达预定的水量或脉冲数或时间时，即操作换向器，使水流由工作量器换向到工作量。记录工作量器所收集的水量 Vs、计时器显示的测量时间 t 和脉冲计数器显示的脉冲数（或被检流量计的指示流量）。

从标准水量 Vs 可得标准流量（q_v）$_s$：

$$(q_v)_s = \frac{V_s}{t}$$

式（3-10）

用算得的流量$(q_v)_s$或标准水量V_s与被检流量计的指示流量$(q_v)_m$或累积流量V_m比较，确定被检流量计的误差δ。

$$\delta = \frac{(q_v)_s - (q_v)m}{(q_v)m} \times 100\%$$

式（3-11）

或

$$\delta = \frac{V_s - V_m}{V_m} \times 100\%$$

式（3-12）

此方法比较成熟，目前国内外用得最多，使用简单，容易掌握。装置各组成部分都进行过深入的理论分析和实验研究，积累了很丰富的技术资料。

容积－时间法流量校准装置的操作方法分为以下步骤：

校准前的准备：流量标准装置及其辅助测量仪表均应有有效的检定合格证书；装置的误差应不超过被检流量计基本误差限的1/2；按相关标准、检定规程的规定或流量计上、下游侧的直管段其内径与流量计的公称通径DN之差，一般应不超过DN的±3%，并不超过±5mm；流量计与管道连接处的密封件，即密封垫圈，其内径应略大些，不得突入流通通道以内，避免影响流动状态。这种贴邻在电磁流量传感器进口端的流动扰动，会严重影响测量值；对准确度不低于0.5级的流量计，流量计上游10DN长度内和下游2DN长度内的直管段内壁应清洁，无明显凹痕、积垢和起皮等现象；当上游直管段长度不够时，可以安装流动调整器。虽然电磁流量计使用时可以任何姿势安装，但校准时分水平和垂直两种。

校准的步骤：按进行检定试验的管路口径及流量大小，选择相应的水泵；如系统采用压缩空气动力，开启空压机，达到系统要求的气源压力，以保证换向器的快速切换和夹表器的正常工作；流量计正确安装连线后，应按照检定规程的要求通电预热30min左右；如采用高位槽水源，应查看稳压水塔的溢流信号是否出现。在正式试验前，应按检定规程要求，用检定介质在管路系统中循环一定时间，同时检查一下管路中各密封部位有无泄漏现象；在开始正式检定前，应使检定介质充满被检流量计传感器，再关断下游阀门进行零位调整；在开始检定时，应先打开管路前端的阀门，慢慢开启被检流量计后的阈值之内，以调节检定点流量。在校准过程中，各流量点的流量稳定度应在1%～2%——流量法，而总量法则可在5%以内。在完成一个流量点的检定过程时检定介质的温度变化应不超过1℃，在完成全部检定过程时，应不超过5℃。被检流量计下游的压力应足够高，以保证在流动管路内（特别在缩径短内）不发生闪蒸和气穴等现象；每次试验结束后，都应首先将试验管路前端的阀门关闭，然后停泵，以免将稳压设施放空。同时必须把试验管路中的剩余的检定介质都放空，最后关闭控制系统与空压机。

校准的时间和校准点：每次测量时间应不少于装置允许的最短测量时间，最短测量时间一般应不少于30s，且对 A 类仪表（指带频率输出的电磁流量计，带频率输出的插入式电磁流量计）应保证一次检定中流量计输出的脉冲数的相对误差绝对值不大于被检流量计重复性的1/3。

检定试验时，仪表性能时的校准点一般规定为：对 A 类仪表，校准点应包括 q_{min}，0.07 q_{max}，0.15 q_{max}，0.25 q_{max}，0.4 q_{max}，0.7 q_{max}，和 q_{max}，当后几个校准点流量小于 q_{min} 时，此校准点可不计。

对 B 类仪表（指输出模拟信号或可直接显示瞬时流量的电磁流量计），校准点应包括 q_{min} 和 q_{max} 在内的至少五个检定点，且均匀分布。

非检定试验时，仪表性能校准（如制造厂出厂校准）时，可规定较少校准点。

校准次数和校准周期：标准次数：每个校准点至少校准三次。对0.1级、0.2级流量计，每个校准点至少校准六次。

校准周期：检定规程规定准确度为0.1、0.2、0.5级的流量计，其校准周期为半年。对准确度低于0.5级的电磁流量计，一般规定校准周期为两年，也有较长周期的。此外，有些场所在实际操作中要严格按规程做十分困难。例如，大口径电磁流量计安装拆卸困难，实际上在周期校准中很难实现实流校准，常常采用在线周期检定和检查。

2. 质量－时间法流量实流校准标准装置

本方法与容积－时间法相仿，仅用精确的衡器代替标准容器。因衡器的精度高，所以质量－时间法的校准精度要比容积－时间法更高些，基本误差可以在0.02%～0.05%之间。

电磁流量计测量的是体积流量，在装置上用水进行重量－时间法校准时要考虑密度变化的影响和浮力修正问题，流量可按下式计算：

$$Q = 60 \frac{W}{p_w t}(1+\varepsilon)$$
$$(1/min) = 3.6 \frac{W}{p_w t}(1+\varepsilon)\left(m^3/h\right)$$

式（3-13）

式中 w ——衡器称得 P_w 水重量，kg；

水的密度，kg/L；

t ——测量时间（水流入衡器的时间）；

$$\varepsilon = pA\left(\frac{1}{p_w} - \frac{1}{p_y}\right)$$ ——空气浮力修正系数。

式（3-14）

表 3-1 水在不同温度下的密度

温度 /（℃）	5	6	7	8	9	10	11	12
密度 /（kg/L）	0.99996	0.99994	0.99990	0.99985	0.99978	0.99970	0.99960	0.99950
温度 /（℃）	13	14	15	16	17	18	19	20
密度 /（kg/L）	0.99938	0.99924	0.99910	0.99894	0.99877	0.99859	0.99840	0.99820
温度 /（℃）	21	22	23	24	25	26	27	28
密度 /（kg/L）	0.99799	0.99777	0.99754	0.99729	0.99704	0.99678	0.99651	0.99623
温度 /（℃）	29	30	31	32	33	34		
密度 /（kg/L）	0.99594	0.99565	0.99534	0.99502	0.99470	0.99437		

本类装置是精确度最高的装置。因液体静止时称重，管路系统没有任何机械连接，不受流动的动力影响。可采用高精确度的称重设备，如精确度 0.01% ~ 0.005% 的标准衡器。装置的精确度一般为 0.05% ~ 0.1%，最高可达 0.02%。

（二）标准表比对法流量实流校准标准装置

上述两种标定方法的设备都比较复杂，投资较大，不是每一个单位都有条件设置的。采用标准表比较法就较为简单方便。

本方法是用精确度高一等级的标准流量计与被校验流量仪表串联，流体同时流过二者，比较二者的示值，确定被检表的误差，达到校准的目的。

这种方法费用最省，操作简单，也有制成流动车装式标准表校准设备的。装置准确度应不低于被检表准确度的 1/2。标准表的前后直管段，一般不小于同类型普通表直管段的长度，被校表的前后直管段，应满足该表说明书要求。标准表与被校表之间连接管段的容积，在满足直管段要求的条件下应尽量小。流量调节阀一般应安装在表的下游侧，调节性能要稳定。

（三）电磁流量传感器流量实流校准和校准结果的计算

1. 校准的基本规范

（1）进行测试时，流量传感器的前后管道应为直管段，直管段长度应按被测流量传感器的规定执行。

（2）环境条件

室内温度：15 ~ 35℃；相对湿度：25% ~ 75%；大气压力：80 ~ 106 kPa。

（3）流量传感器测试水温

①热量表

出厂检验：（50±5）℃；型式检验：（θ_{min}+5）℃：；（50±5）℃；（85±5）℃。

②冷量表

出厂检验：（15±5）℃；型式检验：（5±1）℃；（15±5）℃。

③冷热量两用表

出厂检验：（50±5）℃；型式检验：（5+1）（15±5）℃；（50±5）℃；（85±5）℃。

（4）流量测量点

①出厂检验的三个测量点为：

qi ≤ q ≤ 1.1qi；

0.1qp ≤ q ≤ 0.11qp；

0.9qp ≤ q ≤ 1.0qp。

②型式检验的五个测量点为：

qi ≤ q ≤ 1.1qi；

0.1qp ≤ q ≤ 0.11qp；

0.3qp ≤ q ≤ 0.33qp；

0.9qp ≤ q ≤ 1.0qp；

0.9qs ≤ q ≤ 1.0qs。

（5）示值检定

准确度测试每个点测量一次。一次测量包括测量、记录流量标准装置的读数和流量传感器有效读数。

2. 校准结果的计算

流量传感器第 j 个测量点的示值相对误差E_j与按公式（3-15）计算。

$$E_j = \frac{q_j - q_{sj}}{q_{sj}} \times 100\%$$

式（3-15）

式中，E_j——流量传感器第 j 个测量点的示值相对误差；

q_j——第 j 个点流量传感器的读数，（j=1，2，…，n），单位为立方米（m^3）；

q_{sj}——第 j 个点的标准装置读数，单位为立方米（m^3）。

将q_{sj}代入公式计算，最大误差限不超过 5% 时，计算出该流量传感器的误差限曲线。而实测传感器的相对误差限E_j在上述标准装置的误差界限内为合格。若有不合格点，应重复测试两次，两次均合格为合格，否则为不合格。

二、热电阻温度传感器实验室校准

（一）温度检测标准装置

温度标准装置应符合热量表的计量精度的相关规定。

（二）环境条件

室内温度：15 ~ 35 ℃；相对湿度：25% ~ 75%；大气压力：80 ~ 106 kPa。

（三）测量点

1. 温度传感器在测试时不应带外护套管

温度传感器应在以下温度范围中选择三个测量点，其高温、中温、低温应在热量表工作温度范围内均均匀分布。

（5±5）℃、（40±5）℃、（70±5）℃、（90±5）℃、（130±5）℃、（160±10）℃。

2. 配对温度传感器温差的误差

测试应在同一标准温槽中进行，配对温度传感器测试时不应带保护套管，其三个测量温度点的选择按表 3-2。

表 3-2　配对温度传感器温差的误差测试点

测试温度点	温度下限 θ_{min}	测试温度点的范围	
		供热系统	制冷系统
1	< 20 ℃	θ_{min} ~ θ_{min}+10K	0 ~ 10 ℃
	≥ 20 ℃	35 ~ 45 ℃	—
2	—	75 ~ 85 ℃	35 ~ 45 ℃
3	—	θ_{max}-30K ~ θ_{max}	75 ~ 85 ℃

温度传感器在测试时，浸入深度不应小于其总长的90%。

（四）示值校准

准确度测试每个点测量三次。一次测量包括测量、记录温度标准装置的读数和温度传感器有效读数。

（五）测试结果计算

1. 单只温度传感器温度误差

温度传感器第 j 个测量点第 k 次的基本误差按式（3-16）计算；第 j 个测量点的基本

误差按公式（3-17）计算；温度传感器的基本误差按公式（3-18）计算。

$$R_{jk} = \theta_{jk} - \theta_{sjk}$$

式（3-16）

式中，R_{jk}——温度传感器第 j 个检测点第 k 次的基本误差值，单位为摄氏度（℃）；

θ_{jk}——第 j 个点第 k 次的温度传感器的读数（j=1，2，…，n），（k=1，2，…，m），单位为摄氏度（℃）；

θ_{sjk}——第 j 个点第 k 次的标准装置读数值，单位为摄氏度（℃）。

$$R_j = \frac{1}{m}\sum_{k=1}^{m} R_{jk}$$

式（3-17）

$$R = (R_j)_{max}$$

式（3-18）

式中，R_j——第 j 个测量点的基本误差值，单位为摄氏度（℃）；

R——温度传感器的基本误差值，单位为摄氏度（℃）；

$(R_j)_{max}$——测试中各测量点基本误差的最大值，单位为摄氏度（℃）。

2. 配对温度传感器温差误差

测量计算温度标准装置温差和配对温度传感器温差有效读数，并按公式（3-19）计算相对误差。

$$E_{jk} = \frac{\Delta\theta_{jk} - \Delta\theta_{sjk}}{\Delta\theta_{sjk}} \times 100\%$$

式（3-19）

式中，E_{jk}——相对误差；

$\Delta\theta_{jk}$——第 j 个检测点第 k 次的配对温度传感器温差值（j=1，2…，n），（k=1，2…，m），单位为开（K）；

$\Delta\theta_{sjk}$——第 j 个检测点第 k 次的标准装置温差读数值，单位为开（K）。

标准装置第 j 个测量点 m 次测量值的平均温差按公式（3-20）计算。

$$\Delta\theta_{sj} = \frac{1}{m}\sum_{k=1}^{m} \Delta\theta_{sjk}$$

式（3-20）

式中：$\Delta\theta_s$——标准装置第 j 个测量点 m 次测量值的平均温差，单位为开（K）。

将 $\Delta\theta_{sj}$ 计算结果代入公式（3-9），计算出配对温度传感器温差误差限曲线 $E\theta = f(\Delta\theta_{sj})$ 第 j 点的配对温度传感器温差误差 E_j 按公式（3-21）计算。

$$E_j = \frac{1}{m}\sum_{k=1}^{m}E_{jk}$$

式（3-21）

各点的 E_j 值在 $E_j = f(\Delta\theta_{\text{实}})$ 界限曲线内为合格，若有不合格点，则该点应重复测试两次，两次均合格为合格，否则为不合格。

当温度传感器和计算器不可拆分时，可对组件使用温度传感器的试验条件进行试验，配对温度传感器在各温度点测量的温度值与标准温度计测量的温度值之差的绝对值应不大于 2℃；配对温度传感器的供水温度传感器与回水温度传感器在同一温度点测量的温度值之差应满足最小温差的准确度规定。

第四节　电磁式热量表的检验规则

检验分类：热量表检验分为出厂检验和型式检验。

一、出厂检验

出厂检验项目应按规定执行；出厂检验应对每块热量表逐项检验，所有项目合格时为合格；出厂检验合格后方可出厂，出厂时应附检验合格报告。

二、型式检验

热量表在下列情况时应进行型式检验。新产品或老产品转厂生产的试制定型鉴定时；正式生产后，当结构、材料、工艺有较大改变，可能影响产品性能时；停产一年后恢复生产时；正常生产时，每三年；国家质量监督机构提出要求时。

型式检验应在出厂检验的合格品中进行抽样，每批次抽检三块表。每块表所有检验项目合格为合格，三块表均合格则该批产品为合格。当检验结果有不合格项目时，应在同批产品中加倍重新抽样复检其不合格项目，当复验项目合格时，则该批产品合格。如仍不合格，则该批产品不合格。

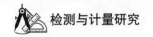

第五节 电磁流量传感器流量干标法的探讨

一、干标法概论

电磁流量计作为一种高性能液体流量计量仪表，具有测量精度高、量程宽、无压损和适合于大口径计量等独特优势，其测量不受流体的密度、黏度、温度、压力以及一定范围内的电导率变化的影响，测量介质可以是黏性介质、浆液、悬浮液甚至多相流。经过近一个世纪的发展，目前电磁流量计产品的计量精度已达到 ±0.5%，甚至更高，口径范围可由 3 到 4000 mm，其中直径 1 m 以上的大口径电磁流量计产品通常是高性能大口径液体流量计产品的首选。在水利工程、市政建设和环境保护等领域中，这样的大口径电磁流量计具有非常广泛的应用。

目前，电磁流量计普遍采用实流标定，标定精度一般为 ±0.2%。该标定方法的最大优点为可通过调整仪表内部设定系数来修正由于制造一致性差而引入的误差，从而降低对产品制造一致性的要求，因此被绝大多数电磁流量计厂家采用。但实流标定存在两个缺陷。

（一）大口径流量计实流标定装置

这一装置的制造价格昂贵，标定成本极高。如实流标定 DN1000 口径的仪表，需要 250 kW 的水泵连续提供约 1.5 t/s 的流量，标定时间 2 ~ 4 h，实流标定装置造价需人民币接近千万，即使是 DN500 中等口径以下的实流标定装置造价也需人民币百万以上。

（二）实流标定装置

这一装置在使用中所产生的流场通常为理想流场，而多数仪表工作现场的工况比较复杂，流量计上、下游直管段长度往往难以达到理想流场的要求，从而使流量计的实际使用误差远远大于实流标定装置上所检测的误差。正因为如此，许多科学家热衷于研究权重磁场分布的电磁流量计，以期实现流场的流速分布对测量精度的影响为零。此外，现有实流标定装置的测量介质大多为水，因此很难利用现有的实流标定装置对多相流、浆液、黏性介质等非常规介质进行标定，在这类实流标定装置上进行模拟各种现场工况的流体运动学和动力学特性研究也十分困难。

基于以上原因，流量计干标定技术作为一种无需实际流体便可实现流量计标定的技术，一直被业界所推崇。四种流量计：超声波流量计、差压式流量计、涡街流量计、电磁流量计。其中电磁流量计因其测量原理可追溯性好，被认为是四种最适合干标定的流量计。但因干标定技术对相应流量计产品的一致性要求较高，只有少数发达工业国家开展了相应研究。

二、电磁流量计干标定原理及关键技术

（一）电磁流量计测量原理

电磁流量计测量流动的导电液体切割磁力线，将在两端电极间产生感应电势差 ΔU，ΔU 与磁通量密度 B、液体流速 v 符合弗来明手定则。只要管道内部流场理想、磁场稳定，ΔU 的大小与管道内介质平均流速成严格的线性关系，从而通过测量 ΔU 的大小可确定管道内介质流量。

电磁流量计由一次传感器及二次仪表组成，二次仪表为一次传感器提供励磁电流，以通过一次传感器内的励磁线圈建立测量所需的磁场。一次传感器将介质实际流量转换为电极间电势差，由二次仪表将电极间电势差转换为显示流量。

（二）干标定原理及关键技术

智能电磁流量计的干标定采用分离标定，与实流分离标定不同的是：其一次传感器转换系数的获取无需实际流量通过，而二次仪表转换系数的获取与目前许多国内厂家分离标定中采用的模拟器标定方法并无两样。

通常由于被测介质的电导率不是很高（例如水和电解质），介质流动产生的二次磁场对测量管道内磁场的影响可以忽略，因此有效区域内任意一个介质微元切割磁力线在电极间产生的电势差可用式（3-22）表示。

$$UsvBW.=X.$$

式（3-22）

式中：v——质微元运动速度；

　　　B——质微元所在位置磁通量密度；

　　　W——介质微元所在位置体权重函数。

物理含义为：该介质微元切割磁力线所产生的感应电动势对两电极间的电位差所起的作用大小，其数值由几何位置、管道结构、电极距离与尺寸决定。

ΔUs——单个介质微元切割磁力线所产生的电极间电势差对 ΔUs 在电磁流量计整个

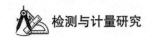

有效测量区域 τ 内积分，便可获得电极间电势差 ΔU，如式（3-23）。

$$\Delta U = vBW \cdot d\tau$$

式（3-23）

由式（3-23）可知，若能获知电磁流量计有效区域 τ 内各点磁通量密度 B 与体权重函数 W，无需实际介质便可求得各种流速分布下电极间电势差的大小，从而实现电磁流量计一次传感器的干标定。通常，体权重函数 W 表达式可利用 Green 函数 G 求解电磁流量计基本微分方程获得，其数值只与几何位置、管道结构、电极距离与尺寸相关，只须测量管道结构、电极距离与尺寸便可获得整个有效区域内各点体权重函数的数值大小，但要准确获取有效区域内各点磁通量密度 B 显然不那么容易，利用探针逐点测量有效区域 τ 内三维磁场等方式已被证明无法满足干标定的高精度要求。因此，如何准确地获取有效区域内各点磁场信息便成为困扰电磁流量计干标定技术应用的关键技术。

三、干标定的有效途径及实现方法

为了准确地获取有效区域内各点磁场信息，逐点测量的方式显然行不通。目前解决此关键技术的有效方法为：利用电磁流量计磁场的交变特性，通过测量电磁感应所产生的其他物理量间接获取电磁流量计有效区域内的磁场信息。这样，无须直接测取电磁流量计内部磁场，甚至无须求解体权重函数 W 便可实现电磁流量计的干标定。

第六节　电磁式热量表的在线校准

一、电磁式热量表的在线校准

作为最新发展起来的电磁式热量表，同已经大量进入供热计量市场的机械式热量表和超声波热量表相比较，电磁式热量表除了在性能上特别是工作的长期耐久性、可靠性、计量精确度方面，具有无可比拟的突出优点以外，它检测载热流体流量的电磁流量传感器，还从基本工作原理上具备了独特的采用电参数法即可以比较方便简单地实现在线校准的功能。

根据电磁流量传感器的基本工作原理可知，对于流量的测量误差，除了传感器测量管的几何尺寸内径 D、磁感应强度 B 和感应电动势 E 以外，与其他物理量的变化无关。这是电磁流量计最大的优点，正是这一优点使电磁流量传感器的在线校准成为可能。

二、实现在线校准的重大现实意义

根据国家流量计量仪表相关规程的规定，对精确度低于 0.5 级的电磁流量计，校准周期一般规定为两年。显然，这对于在线运行中的电磁流量计为此而进行实验室校准是存在一定难度的，但如不按规程规定的校准周期进行校准，对于计量仪表尤其是作为贸易结算的计量仪表，就会违背法定计量管理的要求，甚至引发社会纠纷。因此，实现在线校准，就为实施法定计量管理提供了一条可行而便捷的途径和方法。

供热计量收费必须严格落实供热企业主体责任。实施供热计量收费必须完完全全地赋予供热企业供热计量和温控装置选购权、安装权，并负责供热计量装置的日常维护和更换。

而据了解，影响供热企业选用供热计量收费的最关键问题是需要两年定期检定校准，这是强制性的。目前大多数地区已经把热量表的产权划给了供热企业，供热企业难以承受这笔检定费用，更负担不起户用热量表定期拆装的工程量。这样，实现在线校准，对于实施供热计量收费，推动供热体制改革的不断发展，其深远的重大现实意义也就不言而喻了。

由于此类流量计的在线现场环境工作条件与实验室校准装置的工作条件存在一定的差异，这样，在线校准就更能检测出仪表的实际工作性能和精确程度，从而更具实际意义。

众所周知，具有法定计量流量检定资质的校准装置实验室，流量检定费用比较昂贵。对于量大面广的民用热量表，每两年的校准周期，是一笔巨大的费用。因此，实现在线校准，相对于实验室校准就可以大幅度地减少这笔费用。另一方面，也可以大幅度地减少法定计量流量检定机构对实验室校准装置的投入和管理，从而节省大量的社会资源。

实现在线校准，可以大大减少实施周期校准的工作量、省却仪表送校拆装等大量的人力、物力和费用，从而节省大量的社会资源。

三、电磁式热能表的在线校准

（一）电磁流量传感器的在线校准

1. 电磁流量计在线校准的理论和法律依据

电磁流量计是利用法拉第电磁感应定律制成的一种测量导电液体体积流量的仪表。整套仪表由传感器和转换器两部分组成。

当导电性液体在垂直于磁场的非磁性测量管内流动时，根据法拉第电磁感应定律的原理，在流动方向垂直的方向上就会产生与流速成线性比例的感应电动势，其值如式（3-24）所示。

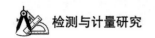

$$E=KBDV$$

式（3-24）

式中，E——感应电动势，亦即流量感应信号；

　　　K——系数；

　　　B——磁感应强度；

　　　D——测量电极之间的距离（测量管内径）；

　　　V——平均流速。

对于一台已经通过生产厂方实验室的流量标准装置实流校准的电磁流量计，经过若干时间运行后，如这台仪表内励磁系统产生的磁感应强度，与出厂实流校准相比较保持不变，就可以认定该台仪表的体积流量与感应电动势的线性关系仍然保持不变。因此，通过在线总体测定电磁流量计的电参数磁感应强度，就可以实现电磁流量计的在线校准。具体在线校准时，通过测量决定电磁流量计励磁系统产生的磁感应强度的基本特性电参数，并与出厂实流校准相比较就可以完成电磁流量计的在线精度测量。

这就是电磁流量计在线校准的理论依据。

2. 电磁流量传感器的在线校准方法

（1）在线校准时参数校准的性能要求

励磁线圈电阻值与出厂或首次校准时一致，其偏差率不得超过 ±1.0%。励磁线圈对地绝缘电阻不应小于 20 MΩ 或符合生产厂家特定的要求。传感器两测量电极接液（接地）电阻值应基本一致，两者的偏差率小于 20%，且测量伴有充放电现象。

（2）在线校准时参数校准的操作方法

①励磁线圈电阻参数

以数字万用表为测量工具，两个表笔分别接励磁线圈的两个端子，测量励磁线圈的电阻值，测量结果与首次检测时的电阻值或生产厂家提供该型号规格的励磁线圈的电阻值进行比对。测量结果应满足上述相应性能要求。

②励磁线圈对地绝缘电阻参数

以 500 V 兆欧表为测量工具时，在励磁线圈的一个端子与地线之间施加直流电压，稳定后读数。

以绝缘电阻测试仪为测量工具时，将黑色表笔接电磁流量传感器接地端子，红色表笔接励磁线圈的一个端子，档位开关转到 500V 档，稳定 10s 后读数。测量结果应满足上述相应性能要求。

③电极接液（接地）电阻偏差率

电极接液电阻指电极与液体的接触电阻，它反映了电极和衬里附着的大体状况。可用指针式万用表在管道充满液体时分别测量每个电极端子与仪表地线之间的电阻。每次测量须用同一型号规格的万用表，并用同一量程。测量时万用表同一根表棒接电极端子，另一根表棒始终接仪表地线，待指针偏转最大时读取数据。测量结果应满足上述相应性能要求。

（二）电磁式热能表热能运算转换器的在线校准

1. 电磁式热能表热能运算转换器的电磁流量信号转换在线校准

（1）在线校准时参数校准的性能要求

电源端子与外壳之间的绝缘电阻不应小于 20 MΩ。转换器对流量特征系数的修改应有保护功能，能避免意外更改或能记录历史修改过程。校准时应记录该特征系数数值并且在校准记录中注明，周期校准的特征系数数值应与上次校准时的特征系数数值相同，并没有进行过修改。

（2）在线校准时参数校准的操作方法

①电源端子与外壳之间的绝缘电阻

关闭运算转换器电源，用 500 V 兆欧表作为测量工具，将红色表笔和黑色表笔分别连接运算转换器的电源端子和运算转换器的外壳，稳定后读数。测量结果应满足上述相应性能要求。

②瞬时流量的示值误差和示值重复性误差

关闭运算转换器电源，断开电磁流量传感器与运算转换器之间的电缆连接，按照生产厂方提供的电路图进行运算转换器和电磁流量模拟信号发生器之间的电气连接，接好线并检查后通电，预热 15 min 以上，将运算转换器参数按电磁流量模拟信号发生器的参数要求进行设置，在设置前分别记录需要修改的各项参数，以便校准结束后对参数进行恢复。

在满量程范围内选定至少三个流速 / 流量点（含常用流速 / 流量点），将电磁流量模拟信号发生器的流速 / 流量调节开关分别置于选定的测量档次，调节流速 / 流量，读取运算转换器显示的瞬时流量值，每个档次测量重复三次并记录备案。

按瞬时流量示值误差和瞬时流量示值重复性误差计算公式求得的瞬时流量的示值误差和示值重复性误差，应满足上述相应性能要求。

③运算转换器的零点校准

关闭运算转换器电源，断开电磁流量传感器与运算转换器之间的电缆连接，按照生产厂方提供的电路图进行运算转换器和电磁流量模拟信号发生器之间的电气连接，接好线并

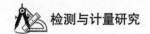

检查后通电，预热 15 min 以上，将电磁流量模拟信号发生器的流速 / 流量调节开关设置于"0"档次。

2. 电磁式热能表热能运算转换器的运算功能在线校准

参照标准"计算器准确度的测试与计算"的规范，对电磁式热能表热能运算转换器的运算功能进行在线校准。

3. 电磁式热能表温度传感器的在线校准

参照标准"温度传感器准确度的测试与计算"的规范，对电磁式热能表热能运算转换器的温度传感器进行在线校准。

第四章 光辐射计量与测试

光辐射计量最高标准称为光辐射基准，而光辐射基准是建立在光辐射绝对测量基础上。因此，本章首先介绍光辐射绝对测量的主要途径，然后探究光辐射标准、红外热像仪参数计量测试与材料发射率测量，来对光辐射计量与测试进行详细介绍。

第一节 光辐射绝对测量的主要途径

理论上讲，实现绝对光辐射测量主要有两条途径：一是基于辐射源；二是基于辐射探测器。基于辐射源的标准主要包括两方面：黑体辐射源和同步辐射源。

基于辐射探测器的标准包括三方面：电替代辐射计（低温辐射计）、可预知量子效率探测器（自校准技术）和双光子记数。

目前两种溯源方式并存。以金属凝固点黑体为最高标准的量值传递体系已很完备，各个国家均建立了金、银、铝、铜、锌、锡等金属凝固点黑体最高标准。金属凝固点黑体最高标准主要工作在可见光与红外波段。以低温辐射计为最高标准的量传体系正在逐步建立，在可见光波段达到很高的准确度，在红外光和紫外光波段处于研究阶段。理论上讲，低温辐射计无光谱选择性，可工作在可见、红外、紫外全波段。

一、低温辐射计

（一）低温辐射计的工作原理

普通电替代辐射计也叫（普通）绝对辐射计或（普通）电校准辐射计，其基本原理是：做成吸收率无光谱选择性的接收器，当有辐射到达接收器表面时，金黑层吸收辐射，使其温度升高，这种温升可用不同的办法来测量；然后用电流加热接收器，调节电流使其产生的热量与接收器吸收辐射时产生的相等，这时所加电功率就等于辐射功率。

电替代辐射计由辐射吸收元件、具有可调节和可度量电功率的电加热器及温度敏感元件三部分组成。

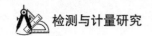

一般吸收元件可以是黑平板、黑锥腔或圆柱腔；加热器可以是加热丝或镀制的薄膜；探测器为热电堆或热敏电阻测热计，也可以为热释电探测器。

由于常温下物质热性能的限制且需要进行复杂的修正，所以尽管多年来进行了各种改进，但其所能达到的不确定度一直徘徊在 0.1% ～ 0.3% 之间。

为了解决普通电替代辐射计存在的问题，用液氮制冷的低温绝对辐射计被研发并应用，该辐射计的工作原理与普通电替代辐射计基本相同，但由于其工作于液氮制冷下的 2 ～ 4 K，从而彻底解决了室温下物质热性能问题，而且在电替代电路中使用了低温超导材料，替代电路中的导线使电能损失大大减小，从而使电替代辐射计的灵敏度和准确度提高了 100 倍，达到了 0.01% 的测量不确定度。之后在开环液氮制冷的低温辐射计基础之上，又成功开发了新一代低温辐射计——闭环机械制冷低温辐射计。该辐射计不是直接用开环液氯低温槽进行制冷，而是用高纯度氦气作为制冷媒质，在闭环系统中循环使用。这种低温辐射计体积小，无须填充液氮和液氧的辅助设备，操作方便，有电有水就可工作。该低温辐射计可工作于 5 ～ 15 K，经过大量实验证明：工作于 5 ～ 15 K 的闭环机械制冷低温辐射计和工作于 2 ～ 4 K 的液氮制冷低温辐射计可达到同样的测量不确定度，而且由于新型闭环机械制冷低温辐射计在其他一些细节方面做了进一步的改进，NPL 辐射专家认为这种低温辐射计的测量不确定度达到了 0.005%。

（二）低温辐射计的结构

低温辐射计的探测器是一个处于冷却状态的吸收腔体 G，悬挂在液氮容器的底板上。辐射计工作在真空状态，一束稳定的激光束通过布儒斯特窗口进入辐射腔。入射激光使吸收腔体的温度上升，通过电加热使腔体上升同样的温度，则所加电功率就为入射辐射的光功率值。

1. 参考温度热沉

参考温度热沉提供一个恒定的低温参考温度。参考温度块是用铜材制成的，可以被准确地控制在 12 ～ 15 K 中间的某一设定温度，一般将其温度设定为比制冷机所能达到的最低温度（基底温度）高 2 K 的温度，用一个薄膜铁铑温度传感器和一个高精度电阻电桥来测量参考块温度。参考块中有一个薄膜加热器（约 1000 Ω），该加热器由一个高精度、高分辨率、可由计算机控制的电流源供电，电阻电桥和电流源通过 GPIB 总线连接到计算机，由低温辐射计软件中的"PID 循环控制"子软件包独立执行参考块温度的控制工作，经 PID 循环控制后，参考块温度的稳定性一般优于 1/106。

2. 接收腔体

接收腔体是低温辐射计的核心，相当于辐射计的探测器。接收腔体 G 用电解铜制成，且侧壁内表面具有漫反射铝金黑色涂层，腔体底部为黑色磷化镍涂层（这种涂层具有极低的反射率，在可见光和红外光区，其反射率小于 0.1%），腔壁厚 0.1 mm，腔体平均直径 10.5 mm，长度 40 mm，腔体吸收率为 0.99998。一个 1000 Ω 用于加热腔体的"表面固定"电阻 J 紧固地安装在接收腔体底部背面，腔体温度由固定在腔体最后部的薄膜烙铁温度传感器测定，腔体上的加热电阻和温度传感器均用高温超导材料连接。

3. 腔体热连接

位于吸收腔体和参考温度热沉之间的腔体热连接器 K，决定着吸收腔体的灵敏度和辐射计的时间常数，该连接器由三个薄壁不锈钢管组成，对其壁厚和长度的设计使得射入 1m W 的辐射功率时产生约 0.6 K 的温升。

4. 布儒斯特窗口

理论上，进入辐射计的线偏振激光束将 100% 通过窗口 B，其他辐射则进不去，客观上起到光屏蔽作用。工作中需实际测量透过率，在可见光区一般为 99.97%，隔离阀门可随时将窗口部分和辐射计主体隔离，在取下窗口测量透过率时，辐射计主体仍可保持在真空低温状态下。安装在吸收腔体入口前边的四象限探测器用来测量从窗口透出的散射光，其测量结果将在数据处理中由计算机软件自动修正。

5. 光路

光束通过低温保持器底部的窗口进入辐射计，通过两套大面积的环形象限光电二极管中间的光阑和腔末端上的光阑进入腔体。支撑窗口的法兰是机械控制的，以便光束以布儒斯特角入射到窗口上。通过光束在窗口入射面上起偏，使得窗口的反射比最小。用一个波纹管将窗口法兰与低温保持器连接起来，法兰上有三个相同大小的螺钉，调节螺钉可使窗口上的反射光减到最小。直径 50 mm、厚 6 mm 的布儒斯特窗由高质量熔融硅制成。

为了便于将激光束准直进入腔体并且便于测量激光束中的散射部分，在光路中放置两套环形四象限光电二极管，每套环形四象限光电二极管的直径都是 50 mm。直径为 9 mm 的中心光阑保证光通过中间光路，一套安装在 77 K 防护罩的底部，另一套安装在 4.2 K 防护罩的底部。每一套都由四个独立的象限光电二极管组成，象限光电二极管的工作模式是光伏模式。77 K（4.2 K）防护罩上的每个光电二极管输出的光电流输入增益为 107（108）V/A 的放大器上。两套象限光电二极管的光阑在光路中是限制光阑。4.2 K 防护罩上的象限光电二极管距离腔的入射口 4 cm，两套环形四象限光电二极管之间的距离是 22 cm。

为了使进入腔体内的散射背景光和热辐射减为最小，在两套环形四象限光电二极管之

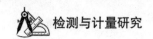

间安装了辐射陷阱。陷阱由一个厚 1.5 mm、直径为 60 mm 的铜管和铜管内的两个挡板组成（挡板上的光阑不限制腔体的视场）。涂有漫反射黑涂料的陷阱与 4.2 K 防护罩连接。

（三）低温辐射计测量不确定度估计

低温辐射计测量光功率的测量不确定度达到 0.01%，比普通电替代辐射计高两个数量级，这是采取许多措施达到的。

1. 窗口透过率测量引入的不确定度

布儒斯特窗口透过率需要准确测量。在激光稳功率情况下测量，清洁窗口透过率的典型数据是 99.97%，这种测量引入的不确定度是 0.003%。

2. 腔体吸收率测量引入的不确定度

低温辐射计腔体吸收率达到 99.9998%，这是通过测量得到的，由此引起的测量不确定度为 0.0005%。

3. 电功率测量引入的不确定度

对替代光功率的电加热功率的准确测量是非常重要的。加热器用高温超导镉线联结，能保证所产生的热量都在加热器上，如果采用高准确度数字电压表测量，这一因素引起的不确定度为 0.0015%。

4. 辐射计灵敏度引入的不确定度

目前低温辐射计工作在 1 mW 功率水平，其噪声等效功率约为 10 nW，由此得到由辐射计灵敏度引入的不确定度为 0.001%。

5. 热辐射变化引入的不确定度

热辐射变化对测量结果影响很大，由于吸收腔工作在低温状态，所以热辐射变化主要来自布儒斯特窗口，窗口附近温度的变化引起窗口热辐射的变化，如果控制窗口最大容许温度变化为 0.6 K，则由于热辐射的变化引起的测量不确定度为 0.001%。通过对以上不确定度分量进行合成可得到合成不确定度和扩展不确定度。

表 4-1　低温辐射计测量不确定度

不确定度来源	对最终不确定度的贡献 /%	不确定度来源	对最终不确定度的贡献 /%
窗口透过率	0.003	热辐射变化	0.001
腔体吸收率	0.0005	合成不确定度	0.0038
电功率测量	0.0015	扩展合成不确定度	0.0076
辐射计灵敏度	0.001	（k=2）	

6.低温辐射计为基准的量传体系

为了提高光辐射的计量水平，许多发达国家都投入了大量资金，开展新的光辐射计量方法的研究。由于低温辐射计技术的发展，光辐射计量水平前进了一大步，达到了前所未有的最低的不确定度。因此，低温辐射计已逐渐成为光度、光谱辐射度、光纤功率、激光功率和激光能量计量的基准。低温辐射计作为基准，在不同波段采用不同的传递标准作为次级标准，用次级标准标定工作标准。在可见光波段用硅光电二极管陷阱探测器作为传递标准。在红外波段，可用腔体热释电探测器或热电堆作为传递标准。由于低温辐射计工作在微瓦功率水平，要向微瓦功率以上扩展，需要配备性能良好的衰减器。

二、双光子相关技术

（一）双光子相关技术概述

在自发参量下转换过程中，当一个高能光子作用于非线性介质时，将以一定的概率，被分解成两个不同频率的低能光子，并且满足能量守恒和动量守恒（相位匹配条件）定律。尽管光子对的产生是随机的，但这两个下转换光子几乎是同时产生的。如果已知光子对中一个下转换光子的方向和频率，不仅可以预言另一个共轭下转换光子的存在，而且可以通过相位匹配条件确定它的方向和频率。根据这一原理可以测量光电探测器的量子效率，这种方法既不借助任何其他标准，也不涉及光子探测器性能指标，因而是绝对测量。通过调整泵浦波矢量与非线性晶体光轴方向的夹角，也可以同时产生一个可见光子和一个红外光子，即用一个可见光子表示一个红外光子的存在，这为绝对测量红外光源的光谱辐射功率奠定了基础。

（二）自发参量下转换双光子在计量学中的应用

自发参量下转换过程中产生的信号光子具有高度的相关性，利用自发参量下转换双光子之间所特有的时间、空间、频率、偏振等高度相关特性，可以完成许多其他非经典光场和经典光场所不能胜任的工作。

光学计量是自发参量下转换双光子场的一个重要应用领域。利用自发参量下转换双光子之间很强的时间和空间相关性，由测得的一个下转换光子的频率和方向，不但可以预言另一个下转换光子的存在，而且可以确定它的频率、方向和计数时间。根据这一原理可绝对地测量光电探测器的量子效率。

其实验原理是：利用自发参量下转换可见光子对，将被测红外光源的入射方向调整到与下转换红外光子的出射方向律。由于诱发辐射的作用，红外光子的出射速率增加，同时

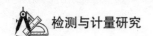

与其共轭的可见光子的出射速率也增加，且光子速率的增加程度正比于红外光源的辐射功率，因此，通过测量诱发辐射可见光子速率和自发辐射可见光子速率的比值，就可以得到红外光源的光谱辐射功率。这种测量方法不需要借助任何标准探测器或标准光源，因而可以实现红外光谱辐射的绝对测量，而且用可见光探测器测量红外辐射较直接用红外光探测器测量有着更高的测量精度。

三、同步辐射原理与同步辐射装置

同步辐射源是速度接近光速的带电离子在磁场中做变速运动时产生的电磁辐射。一些理论物理学家很早就预言过这种辐射的存在。首次在可见光的范围内观察到了强烈的辐射，从此这种辐射便被称为同步辐射。

同步辐射源有一个很重要的特性——精确的可预知特性，可以作为各种波长的标准光源。这个特点是它作为光辐射最高标准的基础。同步辐射的波长覆盖了 X 光、紫外光和可见光，一般用作紫外辐射最高标准。

同步辐射主要由注入器和电子储存环两大部分构成。

注入器：由发生电子及给电子加速的加速器组成，其功能是将电子加速到同步辐射源要求的额定能量，然后将它们注入电子储存环。

电子储存环：其功能是让具有一定能量的电子在其中作稳定运行。

电子经加速器加速到同步辐射源要求的能量，注入储存环后，在储存环中稳定运行，得到同步辐射光。同步辐射光沿电子储存环切线方向射出，在射出方向设立计量光束线。直线加速器、储存环和连接它们的管道以及同步辐射的引出管道都为真空设备，有各自的真空要求。储存环要求的真空度最高，为 $10^{-7} \sim 10^{-8}$ Pa。各个实验站根据不同的实验要求具有不同的真空度，标定光源的实验站真空度为 10^{-5} Pa。

计量光束线分为两束，一条为掠入射光束线，配有双球面单色仪，有三块光栅，波长范围 5 ～ 110 nm。可用于稀有气体电离室标定光电二极管的工作。另一条为正入射光束线，配有正入射单色仪，三块光栅，波长范围 60 ～ 400 nm，光路中装有孔径光阑和视场光阑，可用于标准光源氘灯的标定。

第二节 光辐射标准

计量基准是各种光辐射物理量溯源的源头，光辐射标准装置以光辐射基准作为最高标准器进行量值传递。本节介绍各辐射量标准装置。

一、光谱辐亮度和辐照度标准

（一）测量装置的构成

光谱辐亮度、光谱辐照度是光辐射的基本辐射特性。为准确地标定各种辐射源的光谱辐射特性，一般以高温黑体为基础建立光谱辐亮度和光谱辐照度标准装置。

测量装置由高温黑体及其标准、辐射比较测量系统、控制系统和冷却系统四大部分构成。

1. 高温黑体及其传递标准

由高温黑体、一组光谱辐亮度标准灯、一组光谱辐照度标准灯等组成，是光辐射测量装置的辐射源系统，其中高温黑体为最高标准辐射源，实现量值的绝对传递。

把高温黑体、光谱辐亮度标准灯和光谱辐照度标准灯沿虚线并排放置，各自的输出辐射交替进入后面的测量系统。另外配备一只汞灯和一只氦氖激光器 He-Ne，汞灯用于对辐射测量系统的波长校准，氦氖激光器用于调试光路。高温黑体的温度范围根据测量需要选定，一般为 1800 ~ 3200 K。

2. 辐射比较测量系统

由积分球、前置光学系统、双单色仪、一组标准探测器和一组滤光片组成。积分球作为标准的漫射源，用于光谱辐照度的标定；前置光学系统通过一个离轴抛物面镜将光源的像成在单色仪的入射狭缝上，三个反射镜用于改变光束方向；输出光学系统与前置光学系统相似，将从双单色仪出口狭缝出射的单色辐射经离轴椭球面镜和平面反射镜成像于探测器的光敏面上；探测器部分安装在一个高精度自动控制的小光学平台上，根据测量的需要，该探测器被自动移入光路。

以上比较测量系统安装在一个行程为 1.5 m、准确度为 5 μm 的大光学移动平台上，当需要对某个标准灯进行测量时，该移动平台会自动将比较测量系统移入光路，对准被测光源进行测量。

3. 控制系统

包括锁相放大器、数字电压表、移动平台控制箱、恒温箱、偏压源、一组高精度的直流稳压电源及计算机等，对整个系统进行全自动控制。

4. 冷却系统

当高温黑体工作在 1800 ~ 3200 K 时，包括高温黑体及其配套的设备均须冷却。采用机械制冷，通过内循环和外循环冷却。内循环为纯净水，直接进入高温黑体屏蔽层进行冷

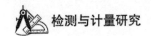

却。外循环直接接自来水冷却。

在以上系统中，高温黑体是最高标准，通过高温黑体把标准值传递到标准灯。由于电学特性、系统的稳定性、辐射的均匀性及发射率对腔壁光学特性起伏的不灵敏性等特点，高温黑体作为标准辐射源被广泛应用于光辐射计量中。

高温黑体工作于 1800 ~ 3200 K，在工作过程中，使用机械制冷的方法，该制冷设备分为内循环和外循环两部分。内循环为纯净水，其流速为 20L/min，分 7 路水管进入高温黑体及其测量系统。对黑体使用了 3 路水冷，分别进入屏蔽层，其余 4 路为黑体电源及其反馈系统等进行制冷，可迅速将辐射能传递给外循环，由外循环将热能散发。

高温黑体的光学反馈系统，用于监视黑体温度的稳定性。该部分安装在高温黑体的前部，主要由前置光学部分和光探测器等组成。

从黑体出射口出射的光辐射一部分穿过反馈系统进入测量系统，另一部分被反射镜反射经透镜成像于硅光电二极管上，由计算机监测其输出信号的起伏，并反馈于直流稳压电源，以控制输出电流，达到稳定温度的目的。

（二）以高温黑体为基础复现光谱辐亮度的原理

能够在任何温度下全部吸收任何波长的入射辐射的物体称为绝对黑体。实际上，绝对黑体并不存在，实际黑体的辐射量除依赖辐射波长及黑体温度外，还与构成黑体的材料性质及发射率有关。因此，黑体用于复现光谱辐亮度的普朗克公式为：

$$L_{BB}(\lambda) = \frac{\varepsilon \cdot c_1}{\pi n^2 \lambda^5} \cdot \frac{1}{\exp\left(\frac{c_2}{\lambda n T}\right) - 1}$$

式（4-1）

式中，c_1——第一辐射常量，其值为 3.7418×10^{-16} W•m²；

c_2——第二辐射常量，其值为 1.4388×10^{-2} m•K；

n——空气折射率；

ε——黑体的发射率；

T——黑体的温度；

λ——光的波长。

把高温黑体的辐亮度值作为标准值，在辐射比较测量系统上测量，经过理论推导，待测灯的光谱辐亮度由下式计算：

$$L_s = \frac{S_s}{S_{BB}} L_{BB}$$

式（4-2）

式中，L_{BB}——高温黑体辐射的光谱辐亮度；

　　　S_s——待测灯经过光学系统在探测器上所产生的电信号值；

　　　S_{BB}——高温黑体经过光学系统在探测器上所产生的电信号。

（三）以高温黑体为基础复现光谱辐照度的原理

用高温黑体复现光谱辐照度的理论可用下式表示：

$$E_{BB}(\lambda) = \frac{\varepsilon L_{BB}(\lambda, T) A_{BB}(1+\delta)}{H^2}$$

$$H^2 = h^2 + r_s^2 + r_{BB}^2$$

式（4-3）

式中，r_s——积分球小孔半径；

　　　r_{BB}——高温黑体精密小孔半径；

　　　h——两小孔间的距离；

　　　$\delta = r_s^2 \cdot r_{BB}^2 / H^4$；

　　　$L_{BB}(\lambda, T)$——温度为 T 时，波长 λ 处的光谱辐亮度；

　　　A_{BB}——高温黑体精密小孔面积。

同样，光谱辐照度标准灯在积分球入射小孔处的光谱辐照度为 Elamp（A），若高温黑体与光谱辐照度标准灯通过比较系统后的输出信号分别为 SBB（λ）和 Slamp（λ），则待测灯的光谱辐照度为：

$$E_{lamp}(\lambda) = \frac{S_{lamp}(\lambda)}{S_{BB}(\lambda)} \cdot E_{BB}(\lambda)$$

式（4-4）

（四）基于高温黑体的光源色温的测量方法

黑体发光的颜色与其温度有密切的关系，普朗克定律可计算出对应于某一温度的黑体的光谱分布，根据光谱分布，用色度学公式可以计算出该温度下黑体发光的三刺激值及色品坐标，在色品图上得到一个对应点。一系列不同温度的黑体可以计算出一系列色品坐标，将各对应点标在色品图上，联结成一条弧形轨道，称为黑体轨道或称普朗克轨。

黑体轨道上各点代表不同温度的黑体的光色，温度由接近 1000 K 开始升温，颜色由红向蓝变化，因此人们就用黑体对应的温度表示它的颜色。当某种光源的色品与某一温度下的黑体色品相同时，则将黑体的温度称为此光源的颜色温度，简称色温。它表征了光源的光色特性。

为了计算光源色温，首先必须测出光源的相对光谱功率曲线，按色度学理论计算出光源的色品 x、y 以及 u、v 值。

当色坐标点恰好位于黑体轨迹上时，则求得的是光源的色温，若色品坐标偏离了黑体的轨道，求得的则是光源的相关色温。如果光源的色品坐标点位于相邻两条等温线之间，则可以用内插法求光源的色温，具体方法如下所述：

当测出待测光源的光谱分布后，计算出 u、v 值，则可确定待测光源色品点在哪两条已知斜率值的等温线（T_i 和 T_{i+1}）之间，确定的方法是依次计算待测光源点至 I=1 ~ 31 各条等温线的距离 d_i，计算公式为。

$$d_i = \left[(u-v) - m_i(u-v)\right] / \left(1 + m_i^2\right)^{\frac{1}{2}}$$

式（4-5）

求得 31 个 d_i 后，求邻近两个 d_i 的比值 d_i/d_{i+1}，只要 d_i/d_{i+1} 为负值，则待测光源的 T_c 就在他们之间，再用插值法求得待测光源 T_c 值，插值公式近似为：

$$T_c = \left[\frac{1}{T_i} + \frac{d_i}{d_i - d_{i+1}}\left(\frac{1}{T_{i+1}} - \frac{1}{T_i}\right)\right]^{-1}$$

式（4-6）

（五）高温黑体温度的测量

利用高温黑体复现光谱辐亮度、光谱辐照度和光源色温的前提是高温黑体是标准辐射源，其辐射特性由黑体温度和发射率决定，因此，如何实现高温黑体温度测量是高温黑体作为标准的前提。

目前，高温黑体温度的测量普遍采用滤光辐射计，简称 FR 辐射计测量系统。FR 辐射计在使用中完成了高温黑体温度的测量，在温度高于 3200 K 时，其测量结果的绝对偏差为 2 K，从而使光谱辐亮度的测量不确定在 800 nm 处提高到 0.5%。

该测量系统的核心是 FR 辐射计，FR 辐射计主要由滤光片、硅光电二极管、前置放大器及冷却部分等组成，目前的辐射计主要有两种类型，一种是由窄带（带宽一般为 10 ~ 20 nm）干涉滤光片组成的干涉滤光辐射计，一种是由宽带（带宽一般为 200 nm）滤光片组成的滤光辐射计。与其相适应的也主要有两种测试模式：辐亮度模式和辐照度模式。FR 辐射计本身可溯源于低温辐射计。

宽带滤光辐射计通常使用辐照度模式进行测量，具有一系列的优点，无须考虑光源有效面积及透镜的透过率，操作相对简单，其测量不确定度取决于校准的不确定度，一般采用单色仪系统校准其相对光谱响应度，绝对量值的校准采用陷阱探测器在几个固定点上进行，并进行归一化处理获得滤光辐射计的绝对光谱响应度。如果单色仪系统有足够高的分辨率，使用辐照度模式的宽带滤光辐射计也可获得与使用辐亮度模式的干涉滤光辐射计相同的测量不确定度。

用 FR 辐射计测量高温黑体温度的原理为：黑体是一个理想的标准辐射源，在距离它的出口 l 处滤光辐射计的输出光电流 i（单位 A）可由下式给出：

$$i = \int \Phi(\lambda)S(\lambda)d\lambda$$

式（4-7）

式中：$\Phi(\lambda)$——黑体光谱辐射通量；

　　　$S(\lambda)$——滤光辐射计的绝对光谱响应，可由低温辐射计标定。

由于

$$\Phi(\lambda) = E(\lambda)A_1$$
$$E(\lambda) = i(\lambda)/l^2$$
$$i(\lambda) = L_{BB}(\lambda)A_2$$

将上述关系代入

$$\Phi(\lambda) = L_{BB}(\lambda)A_1A_2/l^2$$

式（4-8）

式中：A_1——接收器的光阑面积；

　　　A_2——黑体精密光阑面积；

　　　l——黑体精密光阑与接收器的距离；

　　　$i(\lambda)$——辐射强度；

　　　$E(\lambda)$——辐射照度。

将式（4-8）代入式（4-7）可得

$$i(A) = \int L_{BB}(\lambda)A_1A_2l^{-2}S(\lambda)d\lambda$$

式（4-9）

将式（4-1）带入式（4-9）可得

$$i(A) = \frac{\varepsilon c_1 A_1 A_2}{\pi l^2 n^2} \int \frac{S(\lambda)}{\lambda^5\left[\exp\left(\dfrac{c_2}{\lambda n T}\right) - 1\right]}d\lambda$$

式（4-10）

由式（4-10）可知，精确测量光阑 A_1、A_2 面积及距离 l 和滤光辐射计的绝对光谱响应，即可获得被测黑体的辐射温度与输出光电流之间的关系，从而完成对高温黑体温度的精确测量。

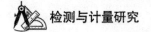

二、中温黑体辐射源标准装置

（一）检定原理与装置

中温黑体一般指工作温度为 50 ～ 1000 ℃的黑体，广泛应用于科研和生产中。为了保证其量值的准确、统一，我国计量部门已经建立了中温黑体标准装置。

标准装置采用金属凝固点黑体作为最高标准，利用零平衡检定的方法，用金属凝固点黑体检定一级标准黑体，再用一级标准黑体检定工业标准黑体。标准黑体和被检黑体通过光学辐射比对装置进行辐射亮度比较，当两者辐射亮度完全相等时，比对器显示仪表的指针指向零位。在开始检定被检黑体之前，用专用黑体严格调整两通道的平衡，以消除光学通道透过率不一致对检定不确定度的影响。

比对装置的两个通道平衡后，就可将被检黑体和标准黑体分别放至被检通道和参考通道上进行比对测量，调整标准黑体的温度，使两通道再次达到平衡，即标准黑体与被检黑体的辐射亮度相等，根据已知的计算公式，就可以计算出被检黑体的等效温度或有效发射率。这种检定方法消除了因光学参数不一致对检定结果的影响。而且，影响两通道辐射亮度的参数是由装置的共用光阑和共用探测器确定的，不会给两黑体辐射亮度带来检定误差，可达到较高的检定准确度。测量的不确定度主要取决于对装置的平衡调节技术的掌握。

这种比对的方法有两种工作方式：一种是用光谱选择性探测器（PbS，InSb，HgCdTe），计算被检黑体的等效温度（T_e）；另一种是用光谱平坦的探测器（LiTaO$_3$），计算被检黑体的有效发射率。

使用光谱选择性探测器，当平衡时，两通道辐射亮度相等，计算公式为：

$$\theta_\Omega A \int_{\lambda_1}^{\lambda_2} R_\lambda \varepsilon_\lambda L_\lambda (\lambda, T_1) d\lambda = \theta_\Omega A \int_{\lambda 1}^{\lambda 2} R_\lambda \varepsilon_\lambda^{'} L_\lambda^{'} (\lambda, T_2) d\lambda$$

式（4-11）

式中，θ_Ω——光学比对装置的孔径角；

A——光学比对装置的采样斑面积；

R_λ——光学系统的光谱响应；

L_λ——标准黑体的光谱辐亮度；

ε_λ——标准黑体的光谱发射率；

$L_\lambda^{'}$——被检黑体的光谱辐亮度；

$\varepsilon_\lambda^{'}$——被检黑体的光谱发射率；

T_1——标准黑体的热力学温度，单位为 K；

T_2——被检黑体的热力学温度，单位为 K。

因为两通道具有相同的光学参数，假设 R_λ 和 ε_λ 对光谱辐射亮度的影响都归因于等效温度 T_e，则式（4-11）变为：

$$\int_{\lambda_1}^{\lambda_2} L_\lambda\left(\lambda, T_{e1}\right)\mathrm{d}\lambda = \int_{\lambda_1}^{\lambda_2} L_\lambda'\left(\lambda, T_{e2}\right)\mathrm{d}\lambda$$

式（4-12）

式中，T_{e1}——标准黑体的等效温度；

T_{e2}——被检黑体的等效温度。

T_{e1} 是已知的，当平衡时，就可求得 T_{e2}。平衡时，两通道辐射亮度相等，得

$$\theta_\Omega A M_{\mathrm{b}} / \pi = \theta_\Omega A M_{\mathrm{g}} / \pi$$
$$M_{\mathrm{b}} = M_{\mathrm{g}}$$

式（4-13）

式中，θ_Ω——光学比对装置的孔径角；

A——光学比对装置的采样斑面积；

M_{b}——标准黑体的辐射出射度；

M_{g}——被检黑体的辐射出射度。

根据斯忒藩－玻尔兹曼定律，得

$$\varepsilon_{\mathrm{b}}\sigma T_{\mathrm{b}}^4 = \varepsilon_{\mathrm{g}}\sigma T_{\mathrm{g}}^4$$

式（4-14）

$$\varepsilon_{\mathrm{g}} = \varepsilon_{\mathrm{b}} T_{\mathrm{b}}^4 T_{\mathrm{g}}^4$$

式（4-15）

式中，ε_{g}——被检黑体的有效发射率；

ε_{b}——标准黑体的有效发射率；

T_{b}——标准黑体的温度；

T_{g}——被检黑体的温度。

（二）测量不确定度分析

下面以零平衡法检定有效发射率为例进行测量不确定度的分析。

1. 输出量

根据标准规定，323～1273 K 黑体辐射源的计量检定中，输出量为黑体的有效发射率 ε。

2. 数学模型

当标准黑体和被检黑体在辐射比对装置上达到平衡时，根据下式计算被检黑体的有效发射率：

$$\varepsilon_g = \varepsilon_b \frac{T_b^4}{T_g^4}$$

式（4-16）

式中，ε_g——被检黑体的有效发射率；

$\quad\quad\varepsilon_b$——标准黑体的有效发射率；

$\quad\quad T_g$——被检黑体有效辐射面的绝对温度，单位为 K；

$\quad\quad T_b$——标准黑体有效辐射面的绝对温度，单位为 K。

上式也可写作：$\varepsilon_g = \varepsilon_b \cdot T_b^4 \cdot T_g^{-4}$，三个输入量独立不相关，所以相对合成标准不确定度为：

$$\frac{u_c(\varepsilon_g)}{\varepsilon_g} = \sqrt{\left[1 \times \frac{u(\varepsilon_b)}{\varepsilon_b}\right]^2 + \left[4 \times \frac{u(T_b)}{T_b}\right]^2 + \left[-4 \times \frac{u(T_g)}{T_g}\right]^2}$$

式（4-17）

3. 测量不确定度的主要来源分析

由测量数学模型可以看出影响测量不确定度的量主要有：标准黑体的发射率不准引起的不确定度；由于标准黑体的温度不准引起的不确定度；由于被检黑体的温度测量不准引起的不确定度，也就是标准金 – 铝热电偶的测量不确定度。

三、面源黑体校准

在红外热像仪校准和其他应用中，往往用到面源黑体，与点源腔黑体相比，面源黑体辐射面积大，作为校准装置，不仅要校准发射率，而且要校准辐射面上温度均匀性。

从面源黑体的具体温度范围和用途来划分，可以分为：–30 ～ 75 ℃温度范围面源黑体和 50 ～ 400℃温度范围面源黑体。其中的 –30 ～ 75 ℃面源黑体属于常温面源黑体，主要用于长波红外焦平面阵列器件、长波红外热成像设备、各种低背景红外辐射计、红外测温仪等设备的校准。尤其在工作于 0 ～ 75 ℃温度段时，–30 ～ 75 ℃面源黑体的温度值有很高的准确度。属于中温范围的 50 ～ 400 ℃面源黑体用于中波红外仪器设备在此温度段的标定、测试，由于受加热方式、辐射面涂层及热力学特性的制约，中温面源黑体温度准确度较低，且辐射均匀性相对较差。

（一）– 30 ～ 75 ℃: 温度范围面源黑体的辐射特性校准

1. 校准方法

关于 –30 ～ 75 ℃温度范围面源黑体的辐射特性校准和量值溯源，国际上一般采用以下三种途径：

用以热敏电阻为温度传感器的精密测温仪接触面源黑体，实现面源黑体的温度校准，温度值溯源到热力学温标（面源黑体的发射率由腔体模型和腔体涂层的发射率计算得到，不测量面源黑体辐射面的辐射均匀性）。

用以热敏电阻为温度传感器的精密测温仪接触面源黑体，实现面源黑体的温度校准。同时利用红外辐射比对装置实现面源黑体有效发射率的校准和面源黑体辐射面的辐射均匀性测量。面源黑体的温度、有效发射率和辐射均匀性校准量值分别溯源到热力学温标和凝固点黑体。

用以热敏电阻为温度传感器的精密测温仪接触面源黑体，实现面源黑体的温度校准。同时利用红外辐射计或直接使用低温绝对辐射计实现面源黑体有效发射率的校准和面源黑体辐射均匀性测量。面源黑体温度、有效发射率和均匀性校准量值分别溯源到热力学温标、低温绝对辐射计或电校准技术标准。

2. 校准装置

采用面源黑体与标准（点源）黑体进行辐射量比对的方法，对面源黑体的辐射特性进行校准。

校准面源黑体的温度：采用精密测温仪测量被校准面源黑体的温度 Tb。精密测温仪带有标准探头，将探头插入被校准的面源黑体的温度校准孔，通过精密测温仪自身的箱电阻温度传感器准确测量被校准面源黑体的温度，并将测量结果输入面源黑体辐射特性校准装置的计算机测控系统。精密测温仪量值可以溯源到热力学温标。

校准面源黑体的发射率：在测量被校准的面源黑体的发射率时，红外辐射计通过平面转镜实现对被校准面源黑体、标准（点源）黑体在同一设置温度、同等几何条件下的辐射量值比对，具体原理公式如下：

$$\frac{\theta_n A L_{bi}}{\theta_\Omega A L_0} = \frac{V_{bi}}{V_0}$$

式（4-18）

式中，θ_Ω——红外辐射计对应的采样立体角，单位为 rad。

A——红外辐射计对应的采样光源面积，单位为 m^2；

L_{bi}——被校准面源黑体的被采样点的辐射亮度；

L_0——标准（点源）黑体的辐射亮度；

V_{bi}——被校准面源黑体辐射面上某一采样点对应的红外辐射计输出电压；

V_0——标准（点源）黑体对应的红外辐射计输出电压。

根据斯忒藩－玻尔兹曼定律，式（4-18）变为。

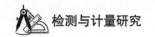

$$\frac{\theta_\Omega A \varepsilon_{\mathrm{b}i} \sigma T_{\mathrm{b}}^4 / \pi}{\theta_\Omega A \varepsilon_0 \sigma T_0^4 / \pi} = \frac{V_{\mathrm{b}i}}{V_0}$$

式（4-19）

式中，$\varepsilon_{\mathrm{b}i}$——被校准面源黑体辐射面上某一采样点的发射率；

ε_0——标准（点源）黑体的发射率；

σ——斯忒藩－玻尔兹曼常量，其值为 $(5.67051 \pm 0.00019) \times 10^{-8}\mathrm{W}/(\mathrm{m}^2 \cdot \mathrm{K}^4)$；

T_{b}——被校准面源黑体的实际温度，单位为 K；

T_0——标准（点源）黑体的温度，单位为 K。

化简得到被校准面源黑体辐射面上某一点的发射率 $\varepsilon_{\mathrm{b}i}$ 计算公式如下：

$$\varepsilon_{\mathrm{b}i} = \varepsilon_0 \frac{V_{\mathrm{b}i}}{V_0} \left(\frac{T_0}{T_{\mathrm{b}}}\right)^4$$

式（4-20）

式中，$V_{\mathrm{b}i}$——被校准面源黑体辐射面上某一采样点对应的红外辐射计输出电压；

V_0——标准（点源）黑体对应的红外辐射计输出电压；

T_0——标准（点源）黑体的温度，由标准（点源）黑体的测温仪读出，单位为 K；

T_{b}——被校准面源黑体的实际温度，由精密测温仪测出，单位为 K。

首先将两个黑体设置在相同的温度下，在被校准面源黑体辐射面上选择六个以上的采样点，配合使用二维机械扫描装置依次将被校准面源黑体辐射面上这些采样点移入光路，红外辐射计分别测量被校准面源黑体辐射面上每一采样点、–60 ~ 80 ℃标准（点源）黑体的辐射量值，依次将这些采样点与 –60 ~ 80 ℃标准（点源）黑体进行辐射比对，将被校准面源黑体辐射面上各采样点的发射率平均，得到被校准面源黑体的发射率 ε_{b}：

$$\varepsilon_{\mathrm{b}} = \frac{1}{n} \sum_{i=1}^{n} \varepsilon_{\mathrm{b}i} \quad (i=1, \ 2, \ \cdots, \ n)$$

式（4-21）

式中，n——采样点数量。

测量面源黑体辐射面上发射率的均匀性：求得被校准面源黑体辐射面上所有采样点发射率的实验标准偏差 S_{b}，该实验标准偏差表达了被校准面源黑体辐射面上发射率的均匀性。

$$S_{\mathrm{b}} = \left[\frac{1}{n-1} \sum_{i=1}^{n} (\varepsilon_{\mathrm{b}i} - \varepsilon)^2\right]^{\frac{1}{2}}$$

式（4-22）

（二）50～400℃温度范围面源黑体的辐射特性校准

1. 校准方法

由于无法对这一温度范围的面源黑体进行准确的接触式温度测量，因此，50～400℃温度范围的中温面源黑体辐射特性校准只能采用辐射校准方法。关于50～400℃温度范围面源黑体的辐射特性校准和量值溯源，国际上一般采用以下三种途径：

测温热像仪方法。首先用准确度高的黑体标定测温热像仪，然后用标定后的测温红外热像仪校准50～400℃温度范围面源黑体的辐射特性，在发射率设定的情况下，得到被校准面源黑体的辐射温度，并且进一步得到面源黑体辐射面辐射温度的均匀性，校准量值一般溯源到凝固点黑体。用红外测温仪或红外测温辐射计校准中温面源黑体辐射特性也是类似的方法，此时要配合使用机械扫描方式得到被校准面源黑体辐射面辐射温度的均匀性。到目前为止，在大的中温温度范围内，无论测温热像仪还是红外测温仪或红外测温辐射计，由于受自身温度输出曲线的标定误差的影响，其辐射温度校准误差均比较大，校准不确定度往往大于1℃以上。此方法不适用于中温面源黑体的准确校准，只有一些企业级的计量机构采用此方法。

中温面源黑体辐射特性的辐射量值比对方法。此方法借助凝固点黑体和锡凝固点黑体可实现标准点源黑体的校准，针对被校准中温面源黑体，将其与变温标准黑体的辐射量值比较，测量出被校准中温面源黑体的辐射量，通过设定发射率量值，进一步求出被校准中温面源黑体的辐射温度。通过红外探测器等部件绕光轴移动，实现被校准中温面源黑体辐射面的辐射均匀性测量。辐射温度测量灵敏度优于50 mK。

中温面源黑体的实时辐射量值比对校准方法。由光学辐射零平衡比对装置、标准中温（点源）黑体、多维精密调节平台等组成校准装置。通过光学辐射零平衡比对装置，将被校准中温面黑体与中温标准（点源）黑体进行辐射量实时比对，当二者达到辐射量值平衡时，根据中温标准（点源）黑体已知的发射率和温度值求出被校准中温面黑体在设定发射率下的辐射温度，并配合多维精密调节平台进一步实现被校准中温面黑体辐射温度均匀性的测量。

2. 校准装置

50～400℃面源黑体辐射特性校准装置原理采用被校准面源黑体与标准（点源）黑体进行实时辐射比对的方法，实现被校准50～400 P面源黑体的辐射特性的校准。

用两个性能相同的专用工作黑体，将光学辐射零平衡比对装置的左右两个辐射通道调整到平衡状态。

光学辐射零平衡比对装置选用宽光谱响应探测器，将标准（点源）黑体和被校准面源

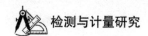 检测与计量研究

黑体通过光学辐射零平衡比对装置进行光学辐射亮度量值比对，通过改变标准（点源）黑体的温度，直至辐射零平衡比对装置达到辐射平衡为止。当两者辐射亮度相等时，光学辐射零平衡比对装置显示仪表的指针指向中间的零值位置。此时满足：

$$\theta_{\Omega} A L_{B}^{'} = \theta_{\Omega} A L_{B}$$

式（4-23）

式中，θ_{Ω}——零平衡比对装置采样立体角，单位为 rad；

A——零平衡比对装置采样光斑面积，单位为 m^2；

$L_{B}^{'}$——被校准面源黑体的辐亮度；

L_{B}——标准（点源）黑体辐亮度。

式（4-23）可以进一步写为。

$$\theta_{\Omega} A \frac{M_{B}^{'}}{\pi} = \theta_{\Omega} A \frac{M_{B}}{\pi}$$

式（4-24）

式中，$M_{B}^{'}$——被校准面源黑体的辐射出射度，单位为 W/m^2；

M_{B}——标准（点源）黑体辐射出射度，单位为 W/m^2。

式（4-24）化简得

$$M_{B}^{'} = M_{B}$$

式（4-25）

根据黑体辐射定律，黑体的辐射出射度为。

$$M_{B} = \varepsilon \sigma T^4$$

式（4-26）

式中，M_{B}——黑体辐射源的辐射出射度，单位为 W/m^2；

ε——黑体辐射源的有效发射率；

σ——斯忒藩-玻尔兹曼常量，其值为（5.67051 ± 0.00019）× 10^{-8}W/（$m^2 \cdot K^4$）；

T——黑体辐射源有效辐射面的绝对温度，单位为 K。

3. 面源黑体辐射温度的计算

根据式（4-25）和式（4-26），得

$$M_{B} = \varepsilon^{'} \sigma T_{Bi}^{4} = M_{B} = \varepsilon \sigma T_{0}^{4}$$

式（4-27）

式中，$\varepsilon^{'}$——被校准面源黑体的设定发射率；

T_{Bi}——被校准面源黑体辐射面上某一采样点的辐射温度 T_{Bi}。

由此得到在发射率设定为 ε 时，被校准面源黑体辐射面上某一采样点的辐射温度 T_{Bi} 为：

$$T_{Bi} = T_0 \left(\frac{\varepsilon}{\varepsilon'} \right)^{1/4}$$

式（4-28）

在被校准面源黑体辐射面上选择六个以上的采样点，使用多维手动调节平台分别将这些采样点移入光路，实现对被校准面源黑体辐射面上某一采样点与标准（点源）黑体在同等几何条件下的辐射量值实时比对，调节标准（点源）黑体的温度，直至达到辐射平衡，计算被校准面源黑体这一采样点在发射率设定为 ε' 时的辐射温度。依次将其他采样点与标准（点源）黑体进行辐射比对，实现校准面源黑体辐射面上辐射温度测量，具体如下：

求得被校准面源黑体辐射面上所有采样点辐射温度的平均值，得到被校准的面源黑体的辐射温度 T_B。

$$T_B = \frac{1}{n} \sum_{i=1}^{n} T_{Bi} \quad （i=1,\ 2,\ \cdots,\ n）$$

式（4-29）

式中，n——采样点数量。

4.面源黑体辐射面上辐射温度的均匀性测量

求得被校准面源黑体辐射面上所有采样点辐射温度的实验标准偏差 S_{TB}，称为被校准面源黑体辐射温度的均匀性。公式如下：

$$S_{TB} = \left[\frac{1}{n-1} \cdot \sum_{i=1}^{n} \left(T_{Bi} - T_B \right)^2 \right]^{1/2}$$

式（4-30）

面源黑体辐射面上辐射温度均匀性是衡量中温面源黑体技术性能的一项重要技术指标。

四、低温黑体校准

随着科学技术的发展，尤其是深空探测技术的需要，对红外辐射计量的温度范围向低温延伸。从原理上讲，低温黑体校准参数和中温黑体参数相同，校准方法也相同。但低温条件下辐射信号很弱，热屏蔽和电磁屏蔽非常重要。一般把标准黑体、辐射探测器、被校黑体放在封闭的真空、制冷容器内。装置由标准黑体及被校黑体、辐射探测系统、真空制

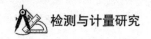

冷室构成。

（一）标准黑体及被校黑体

黑体部分包括凝固点黑体、-60 ~ 100 ℃。变温标准黑体和以液氮为介质的 77 K 背景黑体。凝固点黑体作为最高标准，实现对变温标准黑体的标定。背景黑体提供一个固定背景辐射。-60 ~ 100 ℃变温标准黑体对被校黑体进行标定。三个黑体之间用开关转镜互换，通过中背景介质通道到达红外光谱辐射计。

（二）辐射探测系统

辐射探测系统由卡赛格林望远系统、可变圆形滤光盘、光阑等组成，是一工作在低温真空环境下的红外光谱辐射计，包括一组探测器。

（三）真空制冷室

标准黑体、被校黑体、辐射探测系统都工作在真空低温状态，全部密封在真空制冷室内。其主要技术指标如下：

温度范围：-60 ~ 80 ℃；变温黑体发散率：0.999；温度稳定性：0.02K。

本系统可对 -60 ~ 100 ℃范围的黑体进行标定，也可以对红外光谱辐射计进行标定。

第三节　红外热像仪参数计量测试

一、红外热像仪概述

红外热像仪是利用红外探测器、光学成像物镜和光机扫描系统接收被测目标的红外辐射能量分布图形，反映到红外探测器的光敏元上。在光学系统和红外探测器之间，有一个光机扫描机构（焦平面热像仪无此机构）对被测物体的红外热像进行扫描，并聚焦在单元或分光探测器上，由探测器将红外辐射能转换成电信号，经放大处理、转换或标准视频信号通过电视屏或监测器显示红外热像图。这种热像图与物体表面的热分布场相对应，实质上是被测目标物体各部分红外辐射的热像分布图。由于信号非常弱，与可见光图像相比，缺少层次和立体感，因此，在实际动作过程中为更有效地判断被测目标的红外热分布场，常采用一些辅助措施来增加仪器的实用功能，如图像亮度、对比度的控制，实标校正，伪色彩描绘等技术。

初期，出于保密的原因，在发达国家中也仅限于军用，投入应用的热成像装置可在黑夜或浓厚云雾中探测对方的目标，探测伪装的目标和高速运动的目标。由于有国家经费的支撑，投入的研制开发费用很大，仪器的成本也很高。随着工业生产中的实用性要求的发展，结合工业红外探测的特点，采取压缩仪器造价，降低生产成本并根据民用的要求，通过减小扫描速度来提高图像分辨率等措施逐渐发展到民用领域。

如今，红外热成像系统已经在电力、消防、石化以及医疗等领域得到了广泛应用。红外热像仪在世界经济的发展中正发挥着举足轻重的作用。

红外热像仪一般分光机扫描成像系统和非扫描成像系统。光机扫描成像系统采用单元或多元（元数有 8、10、16、23、48、55、60、120、180 甚至更多）光电导或光伏红外探测器，用单元探测器时速度慢，主要是帧幅响应的时间不够快，多元阵列探测器可做成高速实时热像仪。非扫描成像的热像仪，如近几年推出的阵列式凝视成像的焦平面热像仪，属新一代的热成像装置，性能上大大优于光机扫描式热像仪，有逐步取代光机扫描式热像仪的趋势。其关键技术是探测器由单片集成电路组成，被测目标的整个视野都聚焦在上面，并且图像更加清晰，使用更加方便，仪器非常小巧轻便，同时具有自动调焦、图像冻结、连续放大、点温、线温、等温和语音注释图像等功能，仪器采用 PC 卡，存储容量可高达 500 幅图像。

红外热电视是红外热像仪的一种。红外热电视通过热释电摄像管（PEV）接受被测目标物体的表面红外辐射，并把目标内热辐射分布的不可见热图像转变成视频信号，因此，热释电摄像管是红外热电视的关键器件，它是一种实时成像，宽谱成像（对 3 ~ 5μm 及 8 ~ 14μm 波段有较好的频率响应），具有中等分辨率的热成像器件，主要由透镜、靶面和电子枪三部分组成。其技术功能是将被测目标的红外辐射线通过透镜聚焦成像到热释电摄像管，采用常温热电视探测器和电子束扫描及靶面成像技术实现的。

二、红外热像仪评价参数

随着红外热像仪技术的发展和日趋广泛的应用，对其性能参数的评价越来越重要。下面简要介绍与红外热像仪光学性能有关的参数的定义。

（一）信号传递函数

信号传递函数（SiTF）定义为红外热像仪入瞳上的输入信号与其输出信号之间的函数关系，即信号传递函数指在增益、亮度、灰度指数和直流恢复控制给定时，系统的光亮度

（或电压）输出对标准测量靶标中靶标 – 背景温差输入的函数关系。输入信号一般规定为靶标与其均匀背景之间的温差，输出信号可规定为红外热像仪监视器上靶标图像的对数亮度（lgL），现在一般规定为红外热像仪输出电压，所以，信号传递函数 SiTF 等于被测量红外热像仪观察方型靶时，红外热像仪的输出电压相对于输入温差的斜率。

（二）噪声等效温差

衡量红外热像仪判别噪声中小信号能力的一种广泛使用的参数是噪声等效温差（NETD）。噪声等效温差有几种不同的定义，最简单且通用的定义为：红外热像仪观察试验靶标时，基准电子滤波器输出端产生的峰值信号与均方根噪声比为 1 的试验靶标上黑体目标与背景的温差。

（三）调制传递函数

调制传输函数（MTF）的定义是对标称无限的周期性正弦空间亮度分布的响应。对一个光强在空间按正弦分布的输入信号，经红外热像仪输出仍是同一空间频率的正弦信号，但是，输出的正弦信号对比度下降，且相位发生移动。对比度降低的倍数及相位移动的大小是空间频率的函数，分别被称为红外热像仪的调制传递函数（MTF）及相位传递函数（PTF）。一个红外热像仪的 MTF 及 PTF 表征了该红外热像仪空间分辨能力的高低。

（四）最小可分辨温差

最小可分辨温差（MRTD）是一个作为景物空间频率函数的表征系统的温度分辨率的量度。MRTD 的测量图案为四条带，带的高度为宽度的七倍，目标与背景均为黑体。由红外热像仪对某一组四条带图案成像，调节目标相对于背景的温差，从零逐渐增大，直到在显示屏上刚能分辨出条带图案为止，此时的目标与背景间的温差就是该组目标基本空间频率下的最小可分辨温差。分别对不同基频的四条带图案重复上述过程，可得到以空间频率为自变量的 MRTD 曲线。

（五）最小可探测温差

最小可探测温差（MDTD）是将噪声等效温差 NETD 与最小可分辨温差 MRTD 的概念在某些方面做了取舍后得到的。具体地说，MDTD 仍是采用 MRTD 的观测方式，由在显示屏上刚能分辨出目标对背景的温差来定义。但 MDTD 测量采用的标准图案是位于均匀背景中的单个方形或圆形目标，对于不同尺寸的靶，测出相应的 MDTD。因此，MDTD 与 MRTD 的相同之处是二者既反映了红外热像仪的热灵敏性，也反映了红外热像仪的空间分辨率。MDTD与MRTD的不同之处是MRTD是空间频率的函数,而MDTD是目标尺寸的函数。

（六）动态范围

对于红外热像仪的输出,不致因饱和与噪声而产生令人不能接受的信息损失时所接收的输入信号输入值的范围。

（七）均匀性

均匀性定义为在红外热像仪视场（FOV）内,对于均匀景物输入,红外热像仪输出的均匀性。

（八）畸变

在红外热像仪整个视场（FOV）内,放大率的变化对轴上放大率的百分比。畸变提供关于把观察景物按几何光学传递给观察者的情况。

一般情况下,通过信号传递函数SiTF、噪声等效温差NETD、调制传输函数MTF、最小可探测温差MDTD和最小可分辨温差MRTD的测量,基本上可实现红外热像仪较为全面的测量。

三、红外热像仪参数测量装置

红外热像仪参数测量装置主要包括准直辐射系统、单色仪、承载被测量红外热像仪转台、光学测量平台、信噪比测量仪（均方根噪声电压表和数字电压表）、帧采样器、微光度计、读数显微镜、计算机系统。其中准直辐射系统由温差目标发生器及准直光管组成。红外热像仪参数测量装置涉及多种技术:精密面源黑体制造技术、精密仪器加工技术、光学技术、微机测控技术及红外测量技术等。

（一）准直辐射系统

准直辐射系统的功能是给被测红外热像仪提供多种图案的目标。准直辐射系统一般分为单黑体的准直辐射系统和双黑体的标准辐射系统两种类型。采用单黑体的准直辐射系统,又称为辐射靶系统。工作时,辐射靶本身的温度TB始终处于被监控状态。当TB改变时,黑体本身温度TT随之相应改变,使预先设定的温差ΔT保持恒定。

采用双黑体的标准辐射系统,又称反射靶系统。反射靶与辐射靶的主要区别是反射靶表面具有高反射率。通过第二个黑体,辐射背景温度得到精确的设定和控制,由于采用了背景辐射黑体,有效地减少了反射靶面的温度梯度。

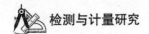

测量靶包括一系列各种空间频率的四条靶、中间带圆孔的十字形靶、方形及圆形的窗口靶、针孔靶、狭缝靶等，以实现红外热像仪各种参数的测量。

（二）单色仪

单色仪与温差目标发生器组合，为被测量红外热像仪提供窄光谱红外辐射，以完成被测量红外热像仪光谱响应参数测量。

（三）承载被测量红外热像仪转台

承载被测量红外热像仪转台的主要功能是通过转动，精确调节被测量红外热像仪光轴对准准直光管的光轴。同时，还可以利用承载被测量红外热像仪转台进行承载被测量红外热像仪视场 FOV 大小的测量。

（四）光学测量平台

光学测量平台承载整个红外热像仪测量系统，提供一个水平防震的设备安装平台。

（五）信噪比测量仪

信噪比测量仪由基准电子滤波器、均方根噪声电压表、数字电压表等仪器组成，通过测量在一定输入下的信噪比，从而计算出被测量红外热像仪的噪声等效温差 NETD 和噪声等效通量密度 NEFD。

（六）帧采样器

在被测量红外热像仪的测量过程中，通过帧采样器与被测量红外热像仪接口，帧采样器对被测量红外热像仪视频输出采样、数字化，然后传输到计算机进行数据处理与分析，可测量出被测量红外热像仪的噪声等效温差 NETD、线扩展函数 LSF、调制传输函数 MTF、信号传递函数 SiTF、亮度均匀性、光谱响应及客观 MRTD、客观 MDTD 等参数。

（七）微光度计

利用微光度计可测量被测量红外热像仪显示器上特定靶图所成像的亮度大小及分布，完成 NETD、LSF、SiTF、MTF、亮度均匀性、光谱响应及客观 MRTD 和客观 MDTD 的测量。

（八）读数显微镜

测量被测量红外热像仪显示器上对特定靶图案所成像的尺寸大小，完成畸变性能测量。

（九）计算机系统

计算机系统的功能主要是：提取每次测量所得到的被测量红外热像仪的输出信息，通过自动测量软件，计算出被测量红外热像仪的各种参数；实施黑体温度和靶标定位的控制和整个测量过程的自动化管理。

四、红外热像仪调制传递函数测量

红外热像仪由光学系统、探测器、信号采集及处理电路、显示器等部分组成。因此，红外热像仪的调制传递函数为各分系统调制传递函数的乘积，即。

$$\mathrm{MTF_s} = \prod_{i=1}^{n} \mathrm{MTF_i} = \mathrm{MTF_o} \cdot \mathrm{MTF_d} \cdot \mathrm{MTF_e} \cdot \mathrm{MTF_m} \cdot \mathrm{MTF_{eye}}$$

式（4-31）

式中，$\mathrm{MTF_i}$——红外热像仪各分系统的调制传递函数；

$\mathrm{MTF_o}$——红外热像仪光学系统的调制传递函数；

$\mathrm{MTF_d}$——红外热像仪探测器的调制传递函数；

$\mathrm{MTF_e}$——红外热像仪电子线路的调制传递函数；

$\mathrm{MTF_m}$——红外热像仪显示器的调制传递函数；

$\mathrm{MTF_{eye}}$——人眼的调制传递函数。

调制传递函数 MTF 用来说明景物（或图像）的反差与空间频率的关系。直接测量红外热像仪的调制传递函数 MTF，测量和计算都很复杂。所以，在实验室中，通常先测量红外热像仪的线扩展函数 LSF，然后由线扩展函数变换可得红外热像仪的调制传递函数 MTF。

测量靶可采用矩形刀口靶，也可采用狭缝靶。

因为调制传递函数是对线性系统而言的，由测得的红外热像仪 SiTF 曲线可知其非线性区。根据测得的 SiTF 曲线找出被测红外热像仪的线性工作区，再进行 MTF 参数测量。

采用狭缝靶测量红外热像仪 MTF 的步骤如下：

将红外热像仪的"增益"和"电平"控制设定为 SiTF 线性区的相应值，靶标温度调到 SiTF 线性区的中间位置的对应位置。

将狭缝靶置于准直光管焦平面上，使其投影像位于被测红外热像仪视场内规定区域，并使图像清晰。对被测红外热像仪输出狭缝图案采样（由微光度计对显示器上的亮度信号采样或由帧采集器对输出电信号采样）得到系统的线扩展函数 LSF。

关闭靶标辐射源，扫描背景图像并记录背景信号。两次扫描的信号相减，对所得结果进行快速变换，求出光学传递函数 OTF，取其模得到被测量红外热像仪的 MTF。

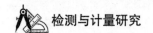

由于测量的结果包括靶标的 MTF、准直光管的 MTF、被测量红外热像仪的 MTF 及图像采样装置的 MTF，扣除靶标的 MTF、准直光管的 MTF 及图像采样装置的 MTF，并归一化后得到被测量红外热像仪的 MTF。

对每一要求的取向（测量方向为狭缝垂直方向或 ±45° 方向）、区域、视场等重复上述步骤。

五、红外热像仪噪声等效温差测量

测量噪声等效温差时，一般采用方形窗口靶，尺寸为 W × W，温度为 TT 的均匀方形黑体目标，处在温度为 TB（TT > TB）的均匀黑体背景中构成红外热像仪噪声等效温差 NETD 的测量图案。被测红外热像仪对这个图案进行观察，当系统的基准电子滤波器输出的信号电压峰值和噪声电压的均方根值之比等于 1 时，黑体目标和黑体背景的温差称为噪声等效温差 NETD。

实际测量时，为了取得良好的结果，通常要求目标尺寸 W 超过被测红外热像仪瞬时视场若干倍，测量目标和背景的温差超过被测红外热像仪 NETD 数十倍，使信号峰值电压 V_s，远大于均方根噪声电压 Vn，然后按下式计算被测红外热像仪的 NETD。

$$NETD = \frac{\Delta T}{V_s / V_n}$$

式（4-32）

噪声等效温差 NETD 作为红外热像仪性能综合量度有一定的局限性。

NETD 的测量点在基准化电路的输出端。由于从电路输出端到终端图像之间还有其他子系统（如被测量红外热像仪的显示器等），因而 NETD 并不能表征整个被测量红外热像仪的整机性能。

NETD 反映的是客观信噪比限制的温度分辨率，而人眼对图像的分辨效果与视在信噪比有关。NETD 并没有考虑人眼视觉特性的影响。

单纯追求低 NETD 值并不一定能达到好的系统性能。

红外热像仪 NETD 反映的是红外热像仪对低频景物（均匀大目标）的温度分辨率，不能表征系统红外热像仪用于观测较高空间频率景物时的温度分辨性能。

虽然 NETD 作为系统性能的综合量度有一定的局限性，但是，NETD 参数概念明确，易于测量，目前仍在广泛采用。尤其是在红外热像仪的设计阶段，采用 NETD 作为对红外热像仪诸参数进行选择的权衡标准是有意义的。

第四节 材料发射率测量

一、材料发射率测量概述

（一）材料的发射率

材料发射率是表征材料表面红外辐射特性的物理量。根据普朗克定律，只要物体高于绝对零度就会不断向外界以电磁波的形式辐射能量。物体的辐射能力与物体绝对温度的4次方和物体表面材料的发射率的乘积成正比。发射率定义为材料表面单位面积的辐射通量和同一温度相同条件下黑体的辐射通量之比，用符号 e 表示。理想黑体的发射率是1，所以材料的发射率是一个小于1的正数，通常与辐射的波长和辐射的方向及材料表面物理特性有关。

由于物体的辐射能力与温度有关，从使用和测试的温度区域划分，材料的发射率一般可分为常温（$-60\,℃ < T \le 80\,℃$）材料发射率、中温（$80\,℃ \le T \le 1000\,℃$）材料发射率和高温（$T > 1000\,℃$）材料发射率。

从辐射方向划分，发射率可分为半球发射率和法向发射率。如再从光谱域划分，又可分为积分发射率和光谱发射率。

实际应用中，大多使用半球积分发射率和法向光谱发射率。半球积分发射率和法向光谱发射率的测试方法不同，前者多用量热法，后者用辐射测量法。这两种方法均属于直接测量法。

（二）发射率测量的意义

在现代战争中，为提高战场生存能力，与红外侦察、红外制导技术相对抗的红外隐身技术正迅速发展并成为一项重要的军事高新技术。而红外隐身的关键问题之一是红外隐身材料，亦称红外伪装材料的研究和使用。红外隐身材料可控制武器系统的红外辐射，降低与环境的对比度，使军用飞机、导弹、舰船、车辆蒙皮的辐射特性与周围背景接近。红外隐身材料可改变武器系统的红外辐射波段，使武器系统的红外辐射避开大气窗口而在大气中被吸收或散失掉，从而实现红外隐身。

在空间红外遥感中，材料的光谱发射率量值为从卫星和飞船上探测矿物组成及其分

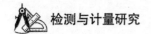

布，提供了丰富的信息和有价值的依据。

因此，建立材料红外辐射特性标准装置同样可以在国民经济许多方面发挥潜在的经济效益。

二、半球积分发射率测量

当我们研究辐射热传递和热损耗时，最关心的是材料表面的半球发射率，对材料半球积分发射率的测量分两种：辐射测量方法，如通过测量材料的反射率从而求得发射率；量热法，又具体分为辐射热平衡方法和温度衰减方法。其中辐射热平衡法被广泛采用，并且测量准确。

（一）辐射热平衡法测量材料半球积分发射率

辐射热平衡法测量材料发射率积分发射率根据材料样品的形状分为热丝法测量材料半球的发射率和材料圆柱样品的特征温度分布法测量材料半球积分发射率两种。

1. 基本原理

这里主要介绍第一种方法即热丝法测量材料半球积分发射率。待测半球积分发射率的材料样品截面多为长窄带状，给该样品通电加热，并保持输入电功率稳定，直到样品与周围真空室达到热平衡。由于材料样品处于真空环境中，样品本身由于热传导和对流引起的热损耗基本上可以被忽略。在达到热平衡的条件下，材料样品中部区域基本上无温度梯度，而且，输入材料样品的稳定的电功率几乎全部以辐射的形式散失掉。

2. 注意事项

辐射热平衡法测量材料样品发射率的误差主要取决于样品与真空室内壁的相对温度及其测量误差。

如果材料样品是导电材料，则把样品做成上述横截面均匀的长窄带状，直接导电加热；如果被测样品是电介质材料，则可将薄片状样品绕着圆柱形加热元件缠起来，或把平板状样品以良好的热接触与半板加热器黏合起来，并在背面与侧面用保护性材料包围加热器，使辐射限制在材料样品的前表面。也可将样品材料制成品喷涂在加热器上测量。

（二）温度衰减法测量材料发射率

由于辐射热平衡方法测量发射率时，必须使材料样品与真空室达成热平衡状态，所需测量时间一般比较长。为缩短测量时间，可在非稳态下测量，即温度衰减法。把一个表面积较大而质量很小的样品悬挂在具有冷却内壁的真空室内，并加温至显著高于真空室内壁温度。停止加热后，测量材料样品的冷却速度。从冷却速率和可知的材料样品表面积、质量和比热，计算出辐射热损耗速率，从而求出材料的半球积分发射率。其中的加热方法可选用光照加热或线围加热器加热等。

第五章　光电图像检测技术与系统

光电图像检测系统的知识涉及面广，在工业、农业、军事、航空航天以及日常生活中皆有着非常广泛的应用，是现代工科学生必须掌握的一门知识。光电图像检测系统以其非接触、高灵敏度、高精度、快速、实时等特点成为现代检测技术重要的手段和方法之一。光电图像检测系统内容多、涉及知识面广，包括光学、光电子学、电子学、计算机、机械结构等学科内容。

第一节　光电图像检测系统

一、光电图像检测系统的概述

所谓光电图像检测系统，是利用光学原理进行精密检测的技术，通过光电图像转换、电路处理以及后期数据分析等，能够完成某种特定检测工作的系统，通常由光源（发射光学系统）、接收系统及数据处理三部分组成。光电图像检测系统为非接触检测，具有无损、远距离、抗干扰能力强、受环境影响小、检测速度快、灵敏度高、电路简单、价格低廉、测量精度高等优越性，因而应用十分广泛，尤其在高速自动化生产中，在生产过程的在线检测、安全运行保护等方面起到重要作用。特别是近年来，各种新型光电探测器件的出现以及电子技术和微电脑技术的发展，使光电图像检测系统的内容愈加丰富，应用越来越广，目前已渗透到几乎所有工业和科研部门，是当今检测技术发展的主要方向。

图像信息是人类获得外界信息的主要来源，图像中蕴藏着对事物本质的描述，也是人类最易接受的表达形式。随着计算机硬件性能的提高和软件技术的发展，将计算机应用于近代光学测试领域，进行光学图像信息的数字化处理、分析和表示，是测试技术向自动化、实时化、高精度、高效率发展的一个重要方向。光电图像检测系统是以现代光学为基础，融光电子学、计算机图形 / 图像学、信息处理、计算机视觉等科学技术为一体的现代测量技术。它以光学系统所成图像为信息载体，经过 A/D（D/A）转换，利用计算机来分析采样信号并从中提取可用信息，所得结果再以模拟或数字方式输出。光电图像检测系统测量

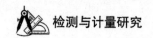

离不开光学成像下获取的视频、图像信号，图像信息与被测量间关系的确定也需要通过其他仪器的标定。

光电图像检测系统从硬件上包含了照明光源、光学系统（含光学镜头）、光电传感器及控制电路、视频图像采集处理、计算机及接口技术、显示输出设备、光具座、载物台及其他各类附属设备；从软件角度，则是根据测量原理，设计适应操作系统的图像分析算法。综合而言，光电图像检测系统实际由光学成像、视频信号处理、数字图像处理、结果输出、机械结构调节五个环节构成。对于动态测量，还应包括精密的伺服反馈控制环节。在光电图像检测系统中，光学成像环节是基础，决定物像的表现形式和质量，并影响后续环节的信息处理方式。照明装置、成像物镜、光阑、固体成像传感器及其控制电路是其重要组成部分。测量对象、测量要求、环境条件是设计光学环节要考虑的三个要素。

光源是光电图像检测系统中不可缺少的一部分。在光电图像检测系统中可以按实际需要选择具有一定辐射功率、一定光谱范围和一定发光空间分布的光源，以此发出的光束作为携带待测信息的物质。有时光源本身就是待测对象，这里的光源是广义的，可以是人工光源，也可以是自然光源。传输场是光传播的介质，如大气、水、光波导等，要考虑衰减系数、背景噪声等因素。接收系统的功能是实现光信号到电信号的转换，而光电探测器是接收系统中的核心部件，光电探测系统的探测能力及探测精度很大程度上依赖光电探测器的性能。

视频信号处理环节完成由模拟量到数字量的转换以及对数字信号的前期处理。经过信号整形和转换，原来连续的电信号在空间区域上被采样成为由整数表示的离散值，并形成可由计算机表达和显示的数据结构。这一环节是光学信息进行数字处理的接口，它影响数字图像的空间分辨率和精度，也影响图像数据的大小和计算复杂程度。

图像处理环节在某种意义上比获取图像更为重要。利用图像处理与分析技术，从数字图像数据中提取有用信息，并对其进行存储和显示；利用人工智能、神经网络等技术，还可以实现某种程度上的自学习、自判断功能。计算机是光电图像检测系统的控制核心——完成对图像的获取、存储和再现，同时又是处理核心——通过程序完成对图像的各种处理，如图像的增强处理、图像的叠加和相减、图像的拼接等。这一环节影响到系统处理速度以及获得信息的准确性和可靠性。

图像输出设备有以下功能：再现从摄像机获得的图像或以更直观的方式表达图像所记载的信息，如数字化显示、多角度三维显示等；作为人机接口工具，提供用户观察、判断、操作的窗口；对处理结果及相关数据进行判别并存储。最常用的图像输出设备是图像显示器、打印机、传真机、磁盘存储阵列等。

　　在该系统中，光是信息传递的媒介，它由光源产生。光源与照明用光学系统一起获得测量所需的光载波，如点照明、平行光照明等。光波载与被测对象相互作用而将被测量载荷到光载波上，称为光学变换。光学变换是用各种调制的方法来实现的。光学变换后的光载波上载荷有各种被测信息，称为光信息。光信息经光电器件实现由光向电的信息转换，称为光电转换。然后被测信息就可用各种电信号处理的方法实现解调、滤波、整形、判向、细分等，或送到计算机进行进一步的运算，直接显示被测量，或者存储，或者控制相应的装置。

　　当然，根据测量目标和具体要求的不同，光电图像检测系统的组成部分也随之不同。光电图像检测系统将光学技术与电子技术相结合实现各种量的检测，具有如下特点：

（一）高精度

　　光电检测是各种检测技术中精度最高的一种。如用激光干涉法检测长度的精度可达 $0.05\ \mu m/m$；光栅莫尔条纹法测角分辨率可达 $0.04''$；用激光测距法测量地球与月球之间距离的分辨率可达 $1\ m$。

（二）高速度

　　光电检测以光为媒介，而光是各种物质中传播速度最快的，无疑用光学的方法获取和传递信息也是最快的。

（三）远距离、大量程

　　光是最便于远距离传播的介质，尤其适用于遥控和遥测，如武器制导、光电跟踪、电视遥测等。

（四）非接触检测

　　光照到被测物体上可以认为是没有测量力的，因此也无摩擦，可以实现动态测量，是各种检测方法中效率最高的一种。

（五）寿命长

　　在理论上，光波是永不磨损的，只要复现性做得好，就可以永久使用。

（六）高运算

　　具有很强的信息处理和运算能力，可将复杂信息并行处理。用光电方法还便于信息的

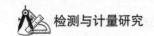

控制和存储，易于实现自动化，易于与计算机连接，易于实现智能化等。

光电图像检测系统是现代科学、国家现代化建设和人民生活中不可缺少的新技术，是光、机、电、算相结合的新技术，是具有应用潜力的信息技术之一。

二、光电图像检测技术的发展

光电图像检测系统的发展与新型光源、新型光电器件、微电子技术、计算机技术的发展密不可分，自从第一台红宝石激光器与氦–氖激光器问世以来，由于激光光源单色性、方向性、相干性和稳定性极好，人们在很短的时间内就研制出各种激光干涉仪、激光测距仪、激光准直仪、激光雷达等，大大推动了光电图像检测系统的发展。迅速发展的半导体集成电路技术，可以将探测器件与电路集成在一个整体中，也可以将具有多个检测功能的器件集成在一个整体中。例如，将图形、物体等具有二维分布的光学图像转换成电信号的检测器件是把基本的光电探测器件组成许多网状阵列结构，即在一片半导体单片上形成几十万个光电探测器件。第一个固体摄像器件——CCD 的诞生，是一种将阵列化的光电探测与扫描功能一体化的固态图像检测器。它是把一维或二维光学图像转换成时序电信号的集成器件，能广泛应用于自动检测、自动控制，尤其是图像识别技术。CCD 的小巧、坚固、功耗低、失真小、工作电压低、质量轻、抗震性好、动态范围大和光谱范围宽等特点，使得视觉检测进入一个新的阶段，它不仅可以完成人的视觉触及区域的图像测量，而且对于人眼无法涉及的红外和紫外波段的图像测量也变成了现实，从而把光学测量的主观（靠人眼瞄准与测量）发展成客观的光电图像检测。今后光电图像检测技术的发展，将通过更高程度的集成化不断向着具有二维或三维空间图形，甚至包含时序在内的四维功能探测器件发展。应用这些器件就可实现机器人视觉和人工智能。

光电图像检测系统的发展，从原理上来看具有以下三个特点：

第一，从主观光学发展成为客观光学，也就是用光电探测器来取代人眼，提高了测试准确度与测试效率；

第二，用单色性、方向性、相干性和稳定性都远远优于传统光源的新光源——激光，获得方向性和稳定性极好的光束，用于各种光电测试；

第三，从光机结合的模式向光、机、电、算一体化的模式转换，充分利用计算机技术，实现测量及控制的一体化。

光电图像检测系统的发展，从功能上来看具有以下三个特点：

第一，从静态测量向动态测量发展；

第二，从逐点测量向全场测量发展；

第三，从低速测量向高速测量发展，同时具有存储和记录功能。

三、光电图像检测系统的分类

目前的光电检测系统主要分为两类：一类是基于 PC 的光电图像检测系统，也称为计算机视觉图像检测系统；另一类是嵌入式光电图像检测系统。

第二节　基于 PC 的光电图像检测系统

随着计算机硬件性能的提高和软件技术的发展，将计算机应用于近代光学测试领域，进行光学图像信息的数字化处理、分析和表示，是测试技术向自动化、实时化、高精度、高效率发展的一个重要方向。图像检测技术是以现代光学为基础，融光电子学、计算机图形/图像学、信息处理、计算机视觉等科学技术为一体的现代测量技术。它以光学系统所成图像为信息载体，经过 A/D(D/A)转换，利用计算机来分析采样信号并从中提取可用信息，所得结果再以模拟或数字方式输出。

早期的计算机终端只能显示文本信息，随着微机技术的发展，如今也可以作为图像终端。在计算机屏幕上看电视，在计算机屏幕上显示电视会议的现场，在计算机屏幕上进行各种各样的图像处理。总之，如今在计算机屏幕上所显示的图像丰富多彩。在当今的信息高速公路中，和网络图像通信一起，计算机图像检测系统起着举足轻重的作用。

随着模式识别、人工智能、神经网络等技术的引入和计算机技术、数字图像处理技术的提高，图像测量技术不仅将具有更高的测量精度、测量速度和更宽的应用范围，而且在自动识别、分析方面也会做得更好。

在计算机信息处理中，图像信息处理占有十分重要的地位。图像包含着大量的信息，计算机对这些信息进行各种加工处理，由此形成了不同领域的实际应用。由于现在的信息处理量大，处理结果的精度要求高，所以对信号分析与结果输出部分的要求越来越高。由于计算机性能的大幅度提高，其成本逐年降低，而且使用极其方便，不需要特殊的培训，一般人都可以很快学会其使用方法，这就使基于 PC 的光电图像检测系统成为未来应用的一种主要趋势。

基于 PC 的光电图像检测系统在生物识别的应用有两个突出的成果，即指纹的查询和识别以及人像组合、查询和识别。由于人的指纹具有唯一性，因此可用来作为身份的鉴别。把现场收集到的指纹录入计算机，提取指纹的特征后再和指纹库里的指纹进行比对，就可以提供破案的线索。指纹识别也可用于出入海关的身份检验及指纹密码锁等方面，指纹印鉴已用于银行业。随着科学技术的进步，还出现了计算机人像组合技术，用模拟画像协助破案，它是根据目击者的描述，由计算机用不同的人面部部件（脸形、眼睛、嘴巴、头发等）进行组合出嫌疑人的画像进而协助破案。随着网络和数据库技术的发展，利用由目击者的记忆组合出的嫌疑人人面像，可以实现本地的查询识别，也可以实现异地的查询识别。

在现代军事化领域里，基于 PC 的光电图像检测系统极为重要。例如将来自卫星的图像用于军事侦察，以地形匹配实现精确轰炸，以相关运算实现目标跟踪等。其中，除了对算法本身有很高的要求以外，图像处理的速度也至关重要，对于现在的计算机组或者计算机群，其处理速度的高速性，已经成为基于 PC 的光电图像检测系统一大优势。对温度敏感的红外图像，军事部门是高度重视的，其应用也是多种多样的。

一般的基于 PC 的光电图像检测系统的结构非常简洁，硬件代价极低，由于借用了计算机的显卡和显示器，图像系统可以不设置 D/A 电路，也不再添加昂贵的监视器、高速图像处理机，甚至不另设置图像帧存，随着高档计算机的普及，这种结构已经非常流行。早期的计算机接口采用的是 ISA 总线，利用这种总线不能把一幅中等分辨率的不经压缩的活动图像直接送入计算机，新型的 PCI 总线问世以后，立刻受到了图像界的欢迎。不过，由于现在 USB 接口技术已经成为一种主流趋势，所以很多系统也正向 USB 总线发展。面向计算机内存的图像硬件系统结构也有多种形式，其中最常用的是带硬件处理的面向计算机内存的图像硬件系统结构。硬件处理常常包括卷积、分割、图像加减、灰度变换等。这种硬件结构可取得快于单纯使用 MMX 技术的处理速度，因此可在一些对处理速度有更高要求的场合使用。

基于 PC 的光电图像检测系统的运用，一种非常重要的硬件孕育而生，那就是图像采集卡。图像采集卡是用来采集 DV 或其他视频信号到计算机进行编辑、刻录的板卡硬件。在采集过程中，由于采集卡传送数据采用 PCIMasterBurst 方式，图像传送速度高达 33MB/s，可实现摄像机图像到计算机内存的可靠实时传送，并且几乎不占用 CPU 时间，留给 CPU 更多的时间去做图像的运算与处理。

一、计算机视觉图像检测系统的原理

（一）计算机视觉图像检测系统的概述与原理

视觉是人类观察世界、认知世界的重要手段。人类从外界获得的信息约有 75% 来自视觉系统，这既说明视觉信息量巨大，也表明人类对视觉信息有较高的利用率。人类视觉过程可看作是一个复杂的从感觉（感受到的是对 3D 世界的 2D 投影得到的图像）到知觉（由 2D 图像认知 3D 世界内容和含义）的过程。视觉的最终目的从狭义上说是要对场景做出对观察者有意义的解释和描述，从广义上讲还有基于这些解释和描述并根据周围环境和观察者的意愿制订出行为规划。

计算机视觉是指用计算机实现人的视觉功能——对客观世界的三维场景的感知、识别和理解。这里主要有两类方法：一类是仿生学的方法，参照人类视觉系统的结构原理，建立相应的处理模块，完成类似的功能和工作；另一类是工程的方法，从分析人类视觉过程的功能着手，不去刻意模拟人类视觉系统内部结构，而仅考虑系统的输入和输出，采用任何现有的可行的手段实现系统功能。本节主要讨论第二种方法。

计算机视觉的主要研究目标可归纳成两个，它们互相联系补充。第一个研究目标是建成计算机视觉系统，完成各种视觉任务。换句话说，要使计算机能借助各种视觉传感器（如 CCD、CMOS 摄像器件等）获取场景的图像，感知和恢复 3D 环境中物体的几何性质、姿态结构、运动情况、相互位置等，并对客观场景进行识别、描述、解释，进而做出决断，这里主要研究的是技术机理。目前，这方面的工作集中在建成各种专用系统、完成在各种实际场合提出的专门视觉任务，而从长远来说则要建成通用的系统。

第二个研究目标是把该研究作为探索人脑视觉工作机理的手段，进一步加深对人脑视觉的掌握和理解（如计算神经科学）。这里主要研究的是生物学机理。长期以来，对人脑视觉系统已从生理、心理、神经、认知等方面进行了大量的研究，远没有揭开视觉过程的全部奥秘，可以说对视觉机理的研究还远远落后于对视觉信息处理的研究和掌握。需要指出，对人脑视觉的充分理解也将促进计算机视觉的深入研究。

图像理解和计算机视觉与计算机科学有密切的联系，它是随着计算机技术的发展和深入研究而获得突飞猛进发展的。一些计算机学科，如模式识别、人工智能、计算机图形学等都对这个发展起到了并将继续起到重要的影响和作用。

计算机图形学研究如何从给定的描述生成"图像"，与计算机视觉也有密切关系。某些图形可以认为是图像分析结果的可视化，而计算机真实感景物的生成又可以认为是图像分析的逆过程。另外，图形学技术在视觉系统的人机交互和建模等过程中也起着很大的作用。基于图像的绘制就是一个很好的例子。需要注意，与图像理解和计算机视觉中存在许多不确定性对比，计算机图形学处理的多是确定性问题，是通过数学途径可以解决的问题许多实际情况下要在图形生成的速度和精度，即实时性和逼真度之间取得某种妥协。

图像理解和计算机视觉要用工程方法解决生物的问题，完成生物固有的功能，所以与生物学、生理学、心理学、神经学等学科也有着互相学习、互为依赖的关系。图像理解和计算机视觉属于工程应用科学，与电子学、集成电路设计、通信工程等密不可分。一方面图像理解和计算机视觉的研究充分利用了这些学科的成果；另一方面图像理解和计算机视觉的应用也极大地推动了这些学科的深入研究和发展。目前，图像理解和计算机视觉研究与视觉心理、生理研究的互相结合就是一例。

图像理解与计算机视觉近年来已在许多领域得到广泛应用，下面是一些典型的应用例子。

1. 工业视觉

如工业检测、工业探伤、自动生产流水线、邮政自动化、计算机辅助外科手术、显微医学操作以及各种危险场合工作的机器人等。将图像和视觉技术用于生产自动化，可以加快生产速度，保证质量的一致性，还可以避免人的疲劳、注意力不集中等带来的误判。

2. 人机交互

如人脸识别、智能代理等，让计算机可借助人的手势动作（手语）、嘴唇动作（唇读）、躯干运动（步频）、表情测定等了解人的愿望要求而执行指令，这既符合人类的交互习惯，也可增加交互方便性和临场感等。

3. 视觉导航

如巡航导弹制导、无人驾驶飞机飞行、自动行驶车辆、移动机器人、精确制导等，既可避免人的参与及由此带来的危险，也可提高精度和速度。

4. 虚拟现实

如飞机驾驶员训练、医学手术模拟、场景建模、战场环境表示等，可帮助人们超越生理极限，"亲临其境"，提高工作效率。

5. 图像自动解释

包括对放射图像、显微图像、遥感多波段图像、合成孔径雷达图像、航天航空测图等的自动判读理解。由于近年来科学技术的发展，图像的种类和数量飞速增长，图像的自动理解已成为解决信息膨胀问题的重要手段。

6. 人类通感系统

对人类视觉系统和机理、人脑心理和生理的研究等。

（二）计算机视觉图像检测系统的基本结构

图像获取一般采用摄像机，它能实时地摄取运动的图像，把客观世界的光学特性转变成二维信息的电视信号，然后用 A/D 转换器转换成数字存放在图像缓冲器中。预处理由一系列算法组成，对数字图像进行处理，去除噪声，纠正畸变，强化特征。需要注意的是，预处理虽然能改善图像的质量、增强视觉效果，但是它常常会改变图像的原始信息，因此在许多视觉系统中预处理操作比较简单。图像分割也是一组算法，分割的图像仍为二维的数字图像形式，需要进一步用各种算法转换成参数、符号，称为特征的表达或符号化操作。识别分析等操作，把参数、符号转变成能正确描述视觉空间中物体的类型、位置和关系的符号，作为整个系统的最后结果。该框图较清楚地显示了视觉过程中的低、中、高三个层次的分界。其中，在中、高层需要先验知识库作为指导，它们由数学模型、符号规则组成，通过从样本和其他知识源进行学习、建模而获得的。

应该指出，在许多实用系统中，常常根据应用目的不同对某些模块的功能适当加强，而某些模块则有所删除。例如有的视觉系统增加了摄像装置的方向、焦点、光照等调节控制机构等。

一个计算机视觉系统所需要的计算机支撑系统可以从十分简单的 PC 系统到大型昂贵的专用处理机。一个最简单的计算机视觉系统由一个内装图像板的 PC 系统和一台摄像机组成，该系统表明一个计算机视觉系统的最小配置，它们包括：

图像获取系统，一般由具有数字化功能的摄像机组成；图像显示系统，可借用具有256 级灰度显示的普通终端屏幕来实现；图像的内存（VRAM）和外存；处理系统，即CPU 和内存，一般内存要相当大。

在 PC 系统中，所有的图像处理均用软件实现。用软件进行处理的最大缺点是速度慢，由于图像是二维分布，它的数据随尺寸增大呈平方关系增加。

在许多实时系统中，软件处理的速度跟不上实时的需要，因此需要专用硬件设备。专用硬件设备可以分为通用机专用插件和平行处理机。

1. 通用机专用插件

在这种系统中，一些计算量大的处理环节采用专用插件，而其余的仍由计算机软件完成。图像经数字化之后，沿着专用高速总线通向宿主计算机，沿途安排若干专用部件，每一专用部件完成一项图像的操作。操作由硬件执行，可在很短的时间内（例如一个图像采样周期 40ms）完成。因此，每当该插件被选中，数字图像流过该系统，就算完成了一种操作。

2. 平行处理机

计算机系统由能平行工作的多个处理机组成。这些处理机按照一定的阵列形式对图像的各部分同时处理操作，相当于把图像数据划分成许多块同时处理。由于每个处理机有较高的处理速度，对于小块图像可以在极短的时间内完成，从而总体上保证高速实时的处理。当然许多图像处理算法并不是可以简单地划分成小块分而治之的，还需要算法设计者开发适于平行处理的算法。阵列机的处理单元从几十个 CPU 到几万个 CPU，价格比较昂贵。脉动式（Systolic）阵列机结构示意图由若干个称为 Warpcell 的计算单元组成。每个计算单

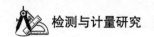

元有独立的处理器、内存，它可通过 x、y 通道与相邻的单元进行数据交换。宿主计算机通过接口单元对 x、y 通道进行数据交流控制，其中 x 对应数据的横向传送（x 方向），而 y 可进行纵向数据传送（y 方向），这样综合起来起到图像平面的 x、y 方向处理作用。

二、计算机视觉图像检测系统的应用

计算机视觉是一项理论意义与实际价值兼备的重要课题，对烟火事故的消防安全具有重要的实际意义。随着火焰视觉特征模型的不断完善，火焰检测方法的研究得到发展。

目前，火灾自动报警装置主要是基于传感器检测技术设计的，通常采用常规的火灾探测方法，即利用感烟、感温、感光等传感器对火焰的烟雾、温度、光等信息进行采集，并利用这些特性来对火灾进行探测。这种基于传统检测方法的火灾探测装置存在一定的缺陷。一方面，它利用传感器对监控现场烟雾浓度、温度、火焰等敏感现象的实时变化进行检测，提取实时参数，因此传感器的性能优劣会直接影响火灾自动报警的准确度和可靠性。另一方面，在室外仓库和大型室内仓库等大空间场合中，火灾初期产生的热量和烟雾难以到达很高的空间，传感器信号由于空间的巨大而变得十分微弱，即使是高精度的传感器也会由于种种干扰噪声而无法工作，因此无法进行火灾的早期探测及准确报警。

与燃烧有关的可感知信息可分为直接的和间接的两类。直接信息指火焰现象本身，主要是火焰的亮度、颜色、形状和变化等可见特性，也包括燃烧产生的热（温度）和紫外、红外等不可见辐射特性；间接信息主要指燃烧中燃料与空气发生剧烈氧化而生成的附属物（如烟雾），或燃烧促使周围环境（如附近物体表面的温度、色度和光强，周围空气的温度、湿度和透明度等）发生的变化。传统的烟火监测器所利用的触发信号主要源于对间接信息的近距离或接触性的点式采样，其监测效能不可避免地存在一些局限性。

（一）适用空间有限

点采样检测器一般需要安置在接近火源的较小的空间范围内，监测场所一般是相对封闭的室内环境（信息不易扩散或被稀释），不适用于开阔的室外空间或大面积场所。

（二）可靠性较弱

间接采样不能最直接、最真实地获取火焰本身的存在线索，容易受到能量扩散或相似目标（如阳光、雾）与环境变化（如光照）的干扰，可靠性需要单纯稳定的条件支持。

106

（三）缺失过程信息

点采样器一般不能记录和包含火焰发生及发展的时空过程和状态信息，不利于对事件的后期回放、分析和检索。

（四）快反能力有限

颗粒度、温度、湿度等采样信息只有在燃烧发生后并发展到一定程度或空间范围时才能触发点式感应器而生成报警信号，在反应时间上存在一定的物理延迟。

（五）成本、通用和扩展能力

点传感器的单价可能较低，但形成规模的系统需要大量的设备单元，光电仪器的单价就很贵，安装和维护的成本也较高；同时，操作的专业性也制约着系统通用性，软件支持力较弱也不利于系统升级和扩展。

近年来，视频监视设备的日益普及与视频图像处理技术的发展极大地推动了视频火焰检测（VideoFireDetection，VFD）系统的研究和应用。

光电设备的发展促进了光电烟火监测系统的开发，远红外光谱仪和红外摄像机可以检测到火焰核心的位置及其热量变化，但对场地和监测距离的选择、相似颜色和光照（特别是阳光）变化等比较敏感，且费用昂贵，可操作性不强，难以实时。而对于视觉信息，人们可以直接利用标准的视频相机实现场景图像的实时采集和在线监视，在燃烧生成的热和烟等发展到足以触发常规检测器之前，通过计算机视觉的处理方法尽早地探测潜在的火源。近年来，随着各种监视相机在室内外公共场所的普及，VFD 备受关注，VFD 系统具有许多常规检测器不具备的优势和特点。

直观主动的探测能力。基于摄像机平台的 VFD 系统无须接触性的采样或变化检测就可触发报警，通过相机人为或自动地远程监视燃烧的发生和发展，具有主动可控的遥测能力。

空间场所的普适性。VFD 系统基本不存在场地条件的限制，可用在礼堂、隧道、正厅、机场、停车场等户外空间或开阔场所。同时，通过获取的丰富的可视信息和先进的图像分析手段可以应付场景光照、空气流动和监测距离的一般变化，并抑制其他非燃烧烟雾等因素的干扰。

远程实时的在线快速反应与离线分析能力。融相机、闭路电视、有/无线通信网络、Internet 连接、海量存储器、计算处理机、显示终端和视频分析软件为一体的 VFD 系统不仅具备实时报警和远程监视能力，还能在线获知燃烧发生的具体位置（辐射方法只能探知邻近范围）和发展过程，并可以对入库的视频记录进行离线回放和检索，从而支持事后调

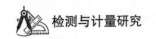

查和分析。

廉价、通用和可扩能力的兼备。视频监视系统在各种公共或私人场所的普及和兼容为VFD系统的成本降低和通用性提供了良好条件，模块化设计也使系统的某些软/硬件单元的局部维护和更新及整体性能的升级和扩展变得方便。

对其他传感器的融合性支持。VFD系统不仅可以引入烟雾等可见信息，也可以融合热、近红外/紫外、温度、湿度、透明度甚至声音等非可视信息来增强视觉信息的可靠度。相反，在特定条件下，借助视频图像检测（VID）技术也可以为已有的其他类型检测系统提供可视化支持。

燃烧的火是一种发热发光，并伴有火焰的迅速和持续的氧化现象，具有辐射、空气、视觉和声音等多方面的特征。火焰是燃着的气体或蒸气的发热、发光部分，本节将分类讨论视频火焰检测中可能利用的可见的火焰视觉特征。不难看出，火焰视觉特征有静态与动态之分，两者都比较显著，也都具有复杂的多样性，但它们又共存互补，存在紧密的相关性。这对火焰特性的分析与建模构成了不少困难，必须对两者综合考虑，才能全面有效地鉴别火燃事件。

VFD属于一种针对随机视觉现象中的特殊光谱区域及其形状演化的建模和识别问题。近年来，VFD方法的研究逐渐得到重视，并取得进展。VFD方法研究的主要驱动力是视频监视系统的普及应用和机器视觉技术的日臻成熟。但出于实用和商业利益的考虑，目前介绍相关算法的专题文献还很少。已有的方法都是基于火焰特征的分析和建模展开的，一种常规的层次化VFD框架，依据火焰特征的层级描述，整个框架分为信号特征层、空间结构层、时序变化层和目标事件层四个层次，这是认知驱动的检测流程，从低级到高级的各层处理都需要关于火焰的理论模型的支持，如颜色模型、区域模型、运动模型和时频状态模型等。

1. 基于像素颜色的VFD方法

早期VFD方法主要依据的是火焰的颜色和亮度。首先出现的是灰度图像处理方法，包括单固定黑白相机和多点黑白相机。这类方法通常利用对比法或帧差法从背景中提取较亮的火焰，但性能受监测距离的影响比较严重。通过黑白相机监测不同位置的点传感器的亮度变化，利用热能转移流模型反向求解火源的位置、尺寸和强度。该方法虽能较精确地检测火焰位置，但需要热传感器和预设采样点位置。可见，用黑白相机检测火焰的适用性和可靠性明显不足。基于火焰颜色的彩色图像处理方法可以明显抑制亮度条件（如背景光照）变化所导致的误检。为提高夜间检测能力，利用彩色视频从烟雾中识别火焰的方法。利用高速相机采集视频，结合颜色与运动信息来区分火焰区域，但相机必须固定，且需要依据监视距离人为设置视窗，复杂的统计计算也使其难以实时。利用 HSV 空间的火焰颜色模型来削弱环境光、风动、火焰尺寸和探测距离等方面的影响，依据火焰颜色区域的色调和饱和度的连续变化来分割火焰区域，再用边缘算子和极坐标变换提取区域轮廓，用变换提取轮廓的频域特征，通过神经网络区分真实火焰。面向更多的常规场景，无须配置静态相机，支持实时监测。固定的彩色模型可能忽略材料不同所导致的颜色异常，所以该方法借助机器学习方法来对火焰颜色建模，通过训练人工检测的火焰样本得到火焰颜色的查找表，并生成彩色直方图，以提高模型的可靠性和对场景的适应力，但其计算复杂度较高，难以达到实时效率。接近人类视觉感知的 HSI 空间模型来描述火焰颜色，利用分解法提取火焰颜色区域，通过序列差分和颜色掩模滤除具有火焰颜色的其他运动目标或火光反射区。然而，以上方法都集中关注火焰的存在性，不能提供燃烧的状态和过程信息（面对火灾的经济损失，这些信息往往至关重要），需要人工估计误检率。一种二阶决策机制，先用颜色检测火焰的存在，再判断火焰的蔓延或消减状态。

2. 基于火焰颜色运动区域的 VFD 方法

不管是亮度还是颜色，仅靠静态光谱特征不足以全面描述和鉴别火焰。相对于真实火焰复杂多变的嵌套结构，单用火焰颜色的像素集合来描述火焰区域过于简陋，甚至于像素颜色的层次变化也不足以反映火焰复杂的时变性。所以，人们开始将颜色、结构和运动特征结合起来改进火焰区域模型及其检测算法。Phillips 等人综合了火焰像素的颜色及其时变特性，并引入了火焰区域的形状识别。静态形状分析的研究已经很多，而火焰区域的形状检测与变形目标的形状建模和识别更相关，但这类方法在识别前要先完成检测，而火焰的持续变化取决于燃料或空气流动等周围因素，其随机性很可能导致形状识别的失败。所以，常规的形状分析方法很难有效描述火焰的形状及其演化。对火焰区域的建模包括：①与周围环境形成强烈对比；②具有环状嵌套的颜色分布结构；③运动中仍保持相对稳定的宏观形状（与燃料形状相关），而边缘轮廓却处于不断的快速变化中。该方法用帧间像素的亮度差分来计算火焰的连续闪动，为削弱全局运动的误导，还要减去非火焰颜色的像素微分。以帧间火焰颜色区域的掩模差来定义火焰的时序运动。C hen 等人认为火焰区域的动态特征包括火苗闪动、区域变形、整体蔓延和红外抖动等，可利用像素变化判别火焰的闪动，以面积变化检测火焰的生长，虽效率较高，但模型过于简单，可靠性差。利用 FFT 的峰值来描述和检测时变的火焰边缘像素。用光谱和结构模型来提取火焰的候选区域，并用系数描述这些区域的边缘轮廓，然后通过帧间前向估计获得各区域的自回归（AR）模型参数，最后以系数和 AR 模型参数为特征对火焰区域进行分类。其中，候选区的检测只涉及光谱和结构特征，选择疑似焰核的高亮部分作为种子，沿梯度方向生长，将火焰颜

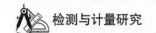

色概率（HSV 高斯混合模型）较高的邻域像素引入区域，再用阈值校验区域边缘上具有内部颜色的像素比例，滤除接近纯色的区域。

第三节 嵌入式光电图像检测系统

一、嵌入式图像检测技术的原理

嵌入式图像检测技术就是基于嵌入式系统的图像检测技术。嵌入式系统被定义为以应用为中心、以计算机技术为基础、软件硬件可裁剪，适用于应用系统对功能、可靠性、成本、体积、功耗有严格要求的专用计算机系统。它是将先进的计算机技术、半导体技术、电子技术和各个行业的具体应用相结合后的产物。嵌入式系统是嵌入式光电图像检测系统的核心部分，相当于人的大脑，对于数据的采集和分析处理具有不可取代的作用。

从广义上讲，可以认为凡是带有微处理器的专用软硬件系统都可以称为嵌入式系统。作为系统核心的微处理器又包括三类：微控制器（MCU）、嵌入式微处理器（MPU）和数字信号处理器（DSP）。从狭义上讲，嵌入式系统是指用嵌入式微处理器构成的独立系统，具有自己的操作系统，并具有某些特定的功能，这里的微处理器专指 32 位以上的微处理器。

嵌入式系统具有如下特点：

与通用计算机行业的垄断性相比，嵌入式系统工业具有不可垄断性，它是一个分散的工业，充满了竞争、机遇与创新，没有哪一个系列的处理器和操作系统能够垄断全部市场。即便在体系结构上存在主流，但各不相同的应用领域决定了不可能由少数公司、少数产品垄断全部市场。因此，嵌入式系统领域的产品和技术，必然是高度分散的，留给各个行业的中小规模高技术公司的创新余地很大。另外，社会上的各个应用领域是在不断向前发展的，要求其中的嵌入式处理器核心也同步发展，这也构成了推动嵌入式工业发展的强大动力。嵌入式系统工业的基础是以应用为中心的"芯片"设计和面向应用的软件产品开发。

嵌入式系统是面向用户、面向产品、面向应用的，如果独立于应用自行发展，则会失去市场。嵌入式处理器的功耗、体积、成本、可靠性、速度、处理能力、电磁兼容性等方面均受到应用要求的制约，这些也是各个半导体厂商之间竞争的热点。

与通用计算机不同，嵌入式系统的硬件和软件都必须高效率地设计，量体裁衣、去冗余，力争在同样的硅片面积上实现更高的性能，这样才能在具体应用对处理器的选择面前更具有竞争力。嵌入式处理器要针对用户的具体需求，对芯片配置进行裁剪和添加才能达到理想的性能，但同时还受用户订货量的制约。因此，不同的处理器面向的用户是不一样的，可能是一般用户、行业用户或单一用户。

嵌入式系统和具体应用有机结合在一起，它的升级换代也是和具体产品同步进行的，因此嵌入式系统产品一旦进入市场，具有较长的生命周期。嵌入式系统中的软件，一般都固化在只读存储器中，而不是以磁盘为载体，可以随意更换，所以嵌入式系统的应用软件生命周期等同于嵌入式产品的使用寿命。同时，由于大部分嵌入式系统必须具有较高的实时性，因此对程序的质量，特别是可靠性，有着较高的要求。另外，各个行业的应用系统与通用计算机软件不同，很少发生突然性的跳跃，嵌入式系统中的软件也因此更强调可继承性和技术衔接性，发展比较稳定。

嵌入式系统本身并不具备在其上进行进一步开发的能力。在设计完成以后，用户如果需要修改其中的程序功能，也必须借助一套开发工具和环境。

通用计算机的开发人员通常是计算机科学或者计算机工程方面的专业人士，而嵌入式系统开发人员往往是各个应用领域中的专家，这就要求嵌入式系统所支持的开发工具易学、易用、可靠、高效。

嵌入式系统是将先进的计算机技术、半导体技术和电子技术等各种技术相结合的产物，这一点就决定了它必然是一个技术密集、资金密集、高度分散、不断创新的知识集成系统。嵌入式光电图像检测系统具有以下特点：

系统面向特定应用。嵌入式光电图像检测系统是面向用户、面向应用的，一般会与用户和应用相结合，以其中的某个专用系统或模块出现。嵌入式系统和具体应用有机结合在一起，它的升级换代也是和具体产品同步进行的，因此嵌入式系统产品一旦进入市场，就具有较长的生命周期。

处理器受到应用要求的制约。嵌入式光电图像检测系统的硬件和软件都必须高效率地设计，量体裁衣、去除冗余，力争在同样的硅片面积上实现更高的性能，这样才能在具体应用中更具有竞争力。与通用型处理器相比，嵌入式处理器的最大不同是将大部分工作集中在为特定用户群设计的系统中，它通常都具有功耗低、体积小、集成度高等特点，能够把很多任务集成在芯片内部，从而有利于系统设计趋于小型化。移动能力大大增强，跟网络的联系也越来越紧密。嵌入式光电图像检测系统处理器的功耗、体积、成本、可靠性、速度、处理能力、电磁兼容性等均受到应用要求的制约。例如微处理器就具备以下四个特点：①对实时多任务有很强的支持能力，能完成多任务并且有较短的中断响应时间，从而使内部的代码和实时内核的执行时间减少到最低限度；②具有功能很强的存储区保护功能，这是由于系统的软件结构已模块化，而为了避免在软件模块之间出现错误的交叉作用，需要

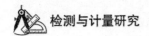

设计强大的存储区保护功能，同时也有利于软件诊断；③可扩展的处理器结构，能迅速开发出满足应用的最高性能微处理器；④微处理器必须功耗很低，尤其是用于便携式的无线及移动的计算和通信设备中靠电池供电的嵌入式系统更是如此，功耗只有毫瓦甚至微瓦级。

软件要求固化、可靠。应用软件是系统功能的关键，为了提高执行速度和系统可靠性，软件一般都固化在存储器芯片或单片机本身中，而不是存储于磁盘等载体中，软件代码要求高质量、高可靠性和高实时性。

嵌入式光电图像检测系统本身不具备自主开发能力，即使设计完成以后用户通常也不能对其中的程序功能进行修改，必须有一套开发工具和环境才能进行开发。

（一）嵌入式系统硬件基础

嵌入式系统的核心就是嵌入式处理器，据不完全统计，全世界嵌入式处理器的品种已有上千种之多。各种 4、8、16、32 和 64 位的处理器在嵌入式系统中都有广泛应用。常用的微处理器分为以下几类：

1. 嵌入式微处理器

嵌入式微处理器采用"增强型"通用微处理器。由于嵌入式系统通常应用于比较恶劣的环境中，因而嵌入式微处理器在工作温度、电磁兼容性以及可靠性方面的要求较通用的标准微处理器高。但是，嵌入式微处理器在功能方面与标准的微处理器基本上是一样的。根据实际嵌入式应用要求，将嵌入式微处理器装配在专门设计的主板上，只保留和嵌入式应用有关的主板功能，这样可以大幅度减小系统的体积和功耗。与工业控制计算机相比，嵌入式微处理器组成的系统具有体积小、质量轻、成本低、可靠性高的优点，但在其电路板上必须包括 ROM、RAM、总线接口、各种外设等器件，从而降低了系统的可靠性，技术保密性也较差。将嵌入式微处理器及其存储器、总线、外设等安装在一块电路主板上构成一个通常所说的单板机系统。

2. 嵌入式微控制器

嵌入式微控制器又称单片机，它将整个计算机系统集成到一块芯片中。嵌入式微控制器一般以某种微处理器内核为核心，根据某些典型的应用，在芯片内部集成了 ROM/EPROM、RAM、总线、总线逻辑、定时器、计数器、I/O、串行口、脉宽调制输出、A/D、D/A、FlashRAM、EEPROM 等各种必要功能部件和外设。按其数据字的宽度分类，单片机经历了 4 位、8 位、16 位、32 位字长的发展过程，随后出现的新一代以 RISC 处理器为核心的高档嵌入式控制系统，获得了飞速发展。为适应不同的应用需求，对功能的设置和外设的配置进行必要的修改和裁减定制，使得一个系列的单片机具有多种衍生产品，每种衍生产品的处理器内核相同，不同的是存储器和外设的配置及功能的设置。这样可以使单片机最大限度地和应用需求相匹配，从而减少整个系统的功耗和成本。与嵌入式微处理器相比，微控制器的单片化使应用系统的体积大大减小，从而使功耗和成本大幅度下降，可靠性提高。由于嵌入式微控制器目前在产品的品种和数量上是所有种类嵌入式处理器中最多的，而且上述诸多优点决定了微控制器是嵌入式系统应用的主流。微控制器的片上外设资源一般比较丰富，适合于控制，因此被称为微控制器。通常，嵌入式微处理器可分为通用和半通用两类。

3. 嵌入式 DSP

所谓 DSP 嵌入式系统，实际上就是把 DSP 系统嵌入应用电子系统中的一种通用系统。这种系统具有 DSP 系统的所有技术特征，同时还具有应用目标所需要的技术特征。DSP 嵌入式系统不再是一个专用的 DSP 系统，而是一个完整的、具有多任务和实时操作系统的计算机系统，以这个计算机系统为基础，可以十分方便地开发出用户所需要的应用系统。

DSP 器件是一种特别适合于进行数字信号处理运算的微处理器，其主要应用是实时快速地实现各种数字信号算法处理。按数据格式划分，DSP 器件可以分为定点和浮点两种。

其优点有：数据处理速度快，具有良好的可编程实时特性；硬件、软件接口方便，可以十分方便地与其他数字系统或设备相互兼容；开发方便，可以灵活地通过软件对系统的特性和应用目标进行修改和升级；具有良好的系统健壮性，受环境温度以及噪声的影响较小，可靠性高；易于实现系统集成或使用 SOC 技术，可以提供高度的规范性。

（二）嵌入式系统软件基础

早期的嵌入式系统中没有操作系统的概念，程序员编写嵌入式程序通常直接面对裸机及裸设备。在这种情况下，通常把嵌入式程序分成两部分，即前台程序和后台程序。前台程序通过中断来处理事件，其结构一般为无限循环；后台程序则掌管整个嵌入式系统软硬件资源的分配、管理以及任务的调度，是一个系统管理调度程序。这就是通常所说的前后台系统。一般情况下，后台程序也叫任务级程序，前台程序也叫事件处理级程序。在程序运行时，后台程序检查每个任务是否具备运行条件，通过一定的调度算法来完成相应的操作。对于实时性要求特别严格的操作通常由中断来完成，仅在中断服务程序中标记事件的发生，不再做任何工作就退出中断，经过后台程序的调度，转由前台程序完成事件的处理，这样就不会造成在中断服务程序中处理费时的事件而影响后续和其他中断。

实际上，前后台系统的实时性比预计的要差。这是因为前后台系统认为所有的任务具有相同的优先级别，即是平等的，而且任务的执行又是按队列排队，因而那些实时性要求高的任务不可能立刻得到处理。另外，由于前台程序是一个无限循环的结构，一旦在这个循环体中正在处理的任务崩溃，整个任务队列中的其他任务将得不到机会被处理，从而造成整个系统的崩溃。由于这类系统结构简单，几乎不需要 RAM/ROM 的额外开销，因而在简单的嵌入式应用中被广泛使用。

现在许多嵌入式系统要胜任的工作越来越复杂，需要采用 32 位的嵌入式处理器，这样嵌入式操作系统就成为嵌入式系统设计中必不可少的一个环节。众所周知，通用操作系统（如 MicrosoftWindows 系列的操作系统）并不适合直接应用在嵌入式系统上，为了适应嵌入式系统的需要，必须在整个系统的软件架构中引入嵌入式操作系统。

在嵌入式系统应用中，早期的 16 位及 16 位以下的微处理器计算能力有限，要处理的任务一般比较简单，因而程序员可以在应用程序中自己管理微处理器的工作流程，很少需要用到嵌入式操作系统。当系统变得较为复杂后，对系统中断的处理以及多个功能模块之间的协调需要由程序员自己来控制和解决，这样做的结果是随着程序内部的逻辑关系变得越来越复杂，软件开发小组对于驾驭复杂的功能模块逐渐显得力不从心，为了保证中断相关处理的正确性和完整性，为了保证不同模块之间对硬件资源的共享和互斥，为了保证系统能定期执行各种任务，软件开发小组不得不编写和维护一个复杂的专用操作系统和应用程序的结合体，这样做使得系统的开发和维护成本加大，也不利于系统的升级。所以，在逐渐变得复杂的嵌入式系统中采用成熟的嵌入式操作系统成为更好的解决方案。

实现一个支持各种硬件体系结构、运行稳定高效的嵌入式操作系统需要付出很多的心血，嵌入式操作系统本身包含大量的代码，而且这些代码非常精巧，相应的数据结构非常复杂，即使是读懂这些代码也要花费很多时间。比如最简单的 uCOS 嵌入式操作系统的最小实现也需近千行代码，而普通的嵌入式 Linux 内核则有近百万行代码。在嵌入式开发中推荐采用一种通用的嵌入式操作系统，而不是自己从头编写一个专用的嵌入式操作系统。因为通用的嵌入式操作系统经过多年的发展，一般来说稳定性、性能、功能等各方面都会比自己重写一个专用的操作系统要好，而且购买它们的成本也比自己从头开发要低得多；另外，通用嵌入式操作系统一般都遵循操作系统接口标准——POSIX，使用这些系统调用接口进行开发可以大大方便上层应用软件在不同嵌入式操作系统、不同操作系统版本之间的移植，系统升级换代方便，成本低，速度快。

总体来说，采用嵌入式操作系统的原因包括：解决多任务所带来的复杂性；提高应用程序的可移植性；降低系统开发和维护成本。

嵌入式操作系统中的关键技术是在一个完整的嵌入式系统中，嵌入式操作系统介于底层硬件和上层应用程序之间，它是整个系统中不可缺少的重要组成部分。嵌入式操作系统与传统操作系统的基本功能是一致的，即首先嵌入式操作系统必须能正确、高效地访问和管理底层的各种硬件资源，很好地处理资源管理中的冲突；其次嵌入式操作系统要能为应用程序提供功能完备、使用方便、与底层硬件细节无关的系统调用接口。但嵌入式操作系统也有其独特的需求和技术特点，主要包括：许多嵌入式系统应用有实时性要求，因此多数嵌入式操作系统都具备实时性的技术指标，能保障系统的实时响应速度；为适应嵌入式系统计算资源的限制，嵌入式操作系统核心部分的体积必须尽可能地小；为了适应各种应用需求的变化，嵌入式操作系统还应该具有可裁减性、可伸缩性、易移植性的特点，让开发人员可以根据需要对嵌入式操作系统进行剪裁和移植；嵌入式操作系统往往是长期连续运行的，因此要求有很高的可靠性，不能"死机"；针对特定的应用需求，嵌入式操作系统往往还要对某些模块做特别的性能优化和功能增强。

许多应用场合对嵌入式操作系统有实时性的要求，比如汽车的安全气囊要求能在一个极短的时间内侦测到汽车碰撞事件的发生并控制打开安全气囊。为了实现上述目标，一方面硬件的传感器和安全气囊要有足够快的响应速度，另一方面就是微处理器、嵌入式操作系统和相应的事件响应程序要能处理得足够快。

普通操作系统为了实现在多进程并发执行时进行正确的资源管理，往往会对某段代码通过关中断的方式进行保护，由于多个进程并发执行后情况变得异常复杂，关中断的时间可能被拖得很长且不确定，中断的关闭会使得实时请求不能通过中断信号迅速告知 CPU，因此系统可能出现的最长关中断时间决定着操作系统的实时性指标。嵌入式操作系统为了提高实时性能，必须尽量缩短操作系统代码中的关闭中断过程，并通过精心的设计确定关中断的时间长短。这些设计包括以下四方面内容：操作系统中的进程必须是具有严格优先级差异的，而且应该是抢占式的操作系统内核，即最高优先级的进程即使是最后出现，也应该最先获得运行，而且是无条件立即停止当前的运行来切换到具有最高优先级的进程。与实时处理相关的函数应尽量都是可重入的，即函数中均使用局部变量。如果使用全局变量，为保证程序的正确性必须对全局变量的访问加锁，而这样的保护措施有可能导致进程堵塞，从而影响操作系统的实时性。高效地克服优先级反转问题，防止高优先级的进程由于等待某些被低优先级进程已占用的资源，被其他低优先级的进程抢先运行，影响系统的实时性。其他实时操作系统内核的设计，如解决周期性任务的调度和时间抖动问题等。

可配置性是嵌入式操作系统的又一个重要特征，也是区别于通用操作系统的一个重要特点。在嵌入式领域，底层硬件和应用需求往往变化多端，有的系统需要存储管理单元在虚拟地址空间上运行程序；有的嵌入式系统希望具有优先级抢先调度机制；有的嵌入式系统希望实时时钟的周期为 20 ms，有的希望是 1 ms；有的嵌入式系统的底层硬件有多级中断，有的只有一级中断，等等。所有这些变化使一个嵌入式操作系统要想占据更大的市场份额，就必须自身具备可配置性，并且配置功能方便易用，使同一个嵌入式操作系统的代码在经过较为方便的配置后，可以在特定的硬件平台和应用需求下获得最佳的性能。可移植性是指同一个嵌入式操作系统在进行适当修改后可以在不同的硬件平台上成功运行。由于移植的目的是希望在不同的底层硬件平台（或者说是不同的嵌入式处理器）上运行，因此嵌入式操作系统为了获得良好的可移植性，一般都将移植时需要修改的代码集中在少数几个与硬件操作相关的 C 程序或汇编程序中，或者将相关代码独立成外设驱动程序，以方便系统开发人员的移植工作。譬如嵌入式操作系统中提到的硬件抽象层（HA）、板级支持包（BSP）等概念都是为了加快移植工作效率而提出的。为方便移植，嵌入式操作系统的开发和维护团队还应该提供完整的文档来详细说明移植的过程和步骤，帮助系统设计人员完成移植工作。

未来随着嵌入式系统的应用需求越来越多样化、越来越复杂，嵌入式操作系统必将在上述这些特点上（如实时性、可配置性、可移植性等）越来越具有特色，适应不同的嵌入式应用需求，不断加快嵌入式系统的开发周期，降低嵌入式系统的研发和生产成本。

二、基于 ARM 的火灾探测系统的应用

随着大空间建筑（如大型公共娱乐场所、大型仓库、大型集贸市场、车库、油库、候机大厅等）及地下建筑（如地下隧道、地铁站、地下大型停车场和地下商业街等）数量的不断增加，由于此类建筑内部举架高、跨度大、火灾初期烟扩散受建筑内部安装的空调和通风系统影响较大，同时这些场所人员比较密集，易燃品多，致使火灾隐患多。此类建筑一旦发生火灾将迅速蔓延，人员疏散及火灾扑救比较困难，往往造成很大的经济损失和恶劣的社会影响。因此，对此类建筑的火灾自动报警系统设计提出了更严格的要求。准确探测火灾并实现早期报警是保卫此类建筑消防安全的积极手段。

（一）火灾图像检测原理

图像是人类视觉的延伸，通过图像能立即准确地发现火灾，这是不争的事实，图像信息的丰富和直观为早期火灾的辨识和判断奠定了基础，其他任何火灾探测技术均不能提供如此丰富和直观的信息。可燃物在燃烧时会释放出频率范围从紫外到红外的光波，在可见光波段，火焰图像具有独特的色谱、纹理等方面的特征，使之在图像上与背景有明显的区别。针对火焰的这些特征，利用红外成像的原理获取燃烧所发出的红外图像进行图像处理，对火灾进行识别，从而达到监控火灾的目的。

（二）系统体系结构

基于火灾图像检测的原理，利用带有红外滤光片的摄像头来采集实时火灾图像的信息，利用红外成像的原理获取燃烧初期所发出的红外图像进行图像识别处理。借助 ARM 微处理器的强大处理功能，同时对采集到的图像数据进行特征提取，然后利用红外图像识别算法进行处理，一旦发现有火灾的迹象，则通过 GSM 模块自动进行电话报警，同时通过系统的以太网口将报警信息传输到远程服务器上显示，实现远程报警。

（三）系统硬件设计

基于 ARM 处理平台的火灾探测系统由三部分组成，分别是 ARM 微处理器平台、USB 摄像头图像采集模块、GSM 远程报警模块。每个模块在系统中扮演的角色各不相同，其中 ARM 平台相当于"大脑"，起着神经中枢的作用，地位最重要；而 USB 摄像头和报警模块则相当于它的"眼睛"和"四肢"，对它负责，听它指挥。如果从控制系统的角度来讲，ARM 平台是控制器，USB 摄像头是传感器，报警模块为执行器，作用对象就是可能发生火灾的环境或设备。

作为火灾探测终端，在设计时应充分考虑其体积小、功耗低、存储容量大和处理速度高的要求，因此在处理器的选择上要十分慎重。

（四）系统软件设计

1. 定制操作系统

在主控制器上创建一个基于 WindowsCE，NET 的嵌入式操作系统平台，首先需要根据目标设备的硬件配置对 WindowsCE，NET 进行定制，安装或创建设备驱动程序，生成一个基于目标设备的硬件配置的操作系统映像文件。PlatformBuilder 是基于 WindowsCE 嵌入式操作系统的开发工具，它提供了将定制的操作系统下载到目标平台的工具。

2. 图像采集子系统

图像采集子系统的功能主要是采集火灾图像并将图像送至 ARM 处理器平台分析处理。系统的图像采集原理就是把摄像头所拍摄到的图像读取到内存中，取得图像数据区首地址指针，提供给后续的图像处理程序使用。在本系统中图像采集是通过摄像头驱动程序中的 CAMLINK，LIB 文件所提供的输出接口函数将拍摄到的图像保存成 BMP 位图文件，然后对原始图像集进行标准化，即将图像的亮度、饱和度等参数进行归一化，以消除由于图像采集设备的误差造成的图像差别。最后将位图文件装载入存储器，取得图像数据，并返回指向数据区指针，以便后续的图像处理和报警。

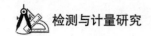

3. 图像识别算法

为了提高火灾检测算法的执行效率和可靠度，在火灾图像识别时设计了图像预处理算法进一步减少干扰。图像预处理主要根据火灾发生时火焰的热辐射面积不断扩大，导致连续两帧图像比较像素有变化这一火灾信号特征来设计。利用这种方法，可以过滤掉一部分干扰。如果是稳定火焰（如蜡烛）干扰，则其热辐射面积不会变化，经滤光片之后采集到的图像就不会变化。如果是吸烟者在监测区域走动，虽然图像中显示有变化，但是采集到的图像平均像素值是不变的，因为烟头的热辐射面积大小没有变化，同样的道理可以排除一些其他的类似干扰。图像的预处理对火灾发生进行进一步判断，减少了系统的复杂运算，提高了系统处理的效率。

系统对采集到的火灾初期的红外图像，用图像预处理算法对每两个连续帧做比较，如果图像没有很大变化，系统将放弃这两帧图像，继续进行检测。如果有火灾发生，则连续两帧图像会有一定的像素变化，如果发现有这种变化，那么就继续采集图像，对接下来的连续五帧图像做比较，如果每次图像都有一定的变化，则可能有火灾现象，此时再次进入检验运算检测。由于系统在 USB 摄像头前加红外滤光片，并对采集的图像进行了预处理，因此火灾识别算法处理的图像是滤除了大部分干扰的红外图像，而红外图像反映的是某一温度下光谱的辐射度。由光谱辐射理论知，如果温度越高，则同一波长对应的辐射度越大，反映在图像上就是纵坐标数值越大。通过实时图像，可以计算出每幅图像的像素值，通过实验可测得每个温度所对应的图像像素值大小，将此值作为火灾发生的阈值，在进行识别的时候，如果检测到有像素值大于这个阈值，则立即判定有火灾，启动报警程序。

对于平均像素值增大，而又没超过阈值的红外图像，系统采用智能图像识别算法进行是否为火灾图像的判定。在火灾发生的初期，随着火势扩大，火焰会不断增强，火焰的图像表现为火焰面积呈现连续的、扩展性的增加趋势。同时，火焰边缘抖动是火灾火焰的特性，而其他高温物体、灯光和稳定火焰的边缘比较稳定。可以利用边缘检测和边缘搜索算法提取火焰边缘特征，并结合火焰图像面积的特征，采用智能图像识别算法进行模式识别，最终判定是否为火灾。

4. 报警子系统

当应用程序识别到有火灾现象时，通过 GSM 模块实施报警，同时通过网络传输报警信号到远程服务器上显示。该报警系统能实现远程网络报警，以拨打电话的方式通知用户报警信息。这是对传统本地报警方式的一种概念上的创新。系统通过串口与 GSM 模块通信，通过调用 WindowsCE 提供的 API 函数 GetCommState 和 SetCommState 配置串口，调用 CreatFile 和 CloseHandle，API 函数实现与串口的通信。与远程主机的通信是通过调用

Socket 建立流式套接字，然后调用与服务器端连接的 Connect 函数，请求与服务器 TCP 连接，成功连接后，可将报警信息通过网络发送到服务器端。

基于图像检测的火灾探测系统，具有较高的灵敏度和较低的误报率，能正确识别各种非火灾干扰的复杂情况。采用图像来识别火灾迹象相对于传统的火灾探测器而言有两大优点：首先，摄像头是非接触式的，不受环境温度的影响，也不受空间的限制；其次，可在大空间、大面积的环境以及多粉尘、高湿度的场所中使用。

第六章　常用专业计量技术

当前，在技术发挥的过程中引出了多种测试计量问题。其中传感器、测试计量仪器等均产生了一定的变化。在此，计量技术也在不断发展和进步，新的技术和原理随之展现出来。与传统的测量技术相比，现代测试计量技术便展现出一定的作用和价值。新的仪器和测量形式逐渐涌现出来，本章以一些常用专业计量技术进行分析探讨。

第一节　气体分析类计量技术

一、气体分析仪、气体报警器的定义及运用

气体分析仪是检测气体成分，测量气体含量的分析仪器。现在广泛运用于工业生产控制、职业卫生防护、环境监测、危险区域监测等方面。

（一）气体分析仪

气体分析仪主要由传感器以及电子部分和显示部分组成。由传感器将环境中所需测量的气体转换成电信号，通过信号放大器处理后以浓度显示出来。气体分析仪主要利用气体传感器来检测环境中存在的气体种类，气体传感器是用来检测气体的成分和含量的传感器。气体分析仪器的种类繁多，被分析的气体和分析原理多种多样且千差万别。常用的有热导式气体分析仪器、电化学式气体分析仪器和红外线吸收式分析仪等。

气体分析仪所用主要情况为以下三方面：

1. 工业生产控制

监测工艺过程参数，为生产操作人员及时提供所需要的成分含量数据，达到调整生产、控制操作，稳定工艺；监测产品质量，保证产品质量符合标准及客户的需要；监测安全生产，及时反映生产中的问题，督促生产人员及时采取安全措施。

2. 环境大气监测

监测危害人类和其他生物成长的有害气体及其存在的情况。根据监测的结果，可对环

境进行相应的管理。

3. 职业卫生防护

对有毒有害工作场所的职业病防治管理，预防、控制、消除职业危害。

（二）气体检测报警器

气体检测报警器是在气体分析仪的基础上增加了一个声光报警部分，当检测到的气体浓度超过预设浓度时，做出报警动作。气体检测报警器主要是运用在有毒有害、易燃易爆气体的作业场所或人员所处的工作环境或者设备内部。

气体检测报警器所用主要情况。

1. 泄漏检测

设备管道有害气体或液体（蒸气）现场所泄漏检测报警，设备管道运行检漏。

2. 检修检测

设备检修置换后检测残留有害气体或液体（蒸气），特别是动火前检测更为重要。

3. 应急检测

生产现场出现异常情况或者处理事故时，为了安全和卫生，要对有害气体或液体（蒸气）进行检测。

4. 进入检测

工作人员进入有害物质隔离操作间，进入危险场所的下水沟或设备内操作时，要检测有害气体或液体（蒸气）以及内部的氧气是否充足。

二、常见气体传感器

气体传感器是气体分析仪和气体检测报警器的最核心的部分，也是检定校准过程的重点。

（一）电化学传感器

常见的电化学传感器主要有电流型气体传感器、半导体气敏传感器。

1. 电流型传感器

（1）恒电位电解式气体传感器

工作原理：使电极和电解质溶液的界面在一定电位下进行电解，通过调节电位选择性的氧化或者还原气体，从而定量测定各种气体。对特点气体来说，设定的电位由固定的氧化还原电位决定，但又随电解时作用气体的性质、电解质的种类不同而变化。

在传感器容器内安装工作电极和比对电极，内部充满电解质溶液的密封结构，然后在工作电极和对比电极之间加一恒定电位构成恒压电路。工作电极上透过隔膜的一氧化碳气

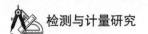

体被氧化，和比对电极之间产生了电流差，该电流差和被检测一氧化碳的浓度呈线性关系，由此可以知道被测一氧化碳的浓度。

（2）电量式气体传感器

工作原理：被测量气体与电解质溶液反应后产生电流，将电流作为传感器输出信号来表示检测气体的浓度。

电化学传感器是气体分析类仪器中最为常见的传感器。它的优点是体积小，响应时间快，便于安装，便于维护；缺点是使用寿命短，容易被其他气体干扰。

2. 半导体气敏传感器

工作原理：当气体吸附于半导体表面时，引起半导体材料的总电导率发生变化，使得传感器电阻随气体浓度的改变而变化。特点是：具有抗中毒性好，反应灵敏，对大多数碳氢化合物都有反应。但其结构复杂，成本高。

（二）热化学传感器

1. 催化燃烧式气体传感器

催化燃烧式气体传感器特别适用于监测可燃气体。其工作原理是：可燃性气体在通电状态下的气敏材料表面上进行氧化燃烧或催化氧化燃烧，产生的热量使传感器电热丝升温，从而使电阻值发生变化，通过测量电阻变化来测出气体的浓度（体积分数）。催化燃烧式气体传感器在常温下非常稳定，已经运用了较长时间，普遍应用于石化企业、煤化工企业、矿井等地方的可燃性气体的监测和报警。这类传感器对不燃性气体不敏感。

燃烧的四个必要条件：气体中必须含有适量的氧气、适量的可燃气体、火源以及维持反应所需要的分子能量。如果有一个条件没有被满足，燃烧都不能发生。当上述条件满足后，任何一种气体或蒸气都存在一个特定的最小浓度，在此浓度之下，气体或蒸气同空气或氧气混合都不会发生燃烧。将可燃性气体和氧气的混合物能发生燃烧的最低浓度成为燃烧下限。"燃烧下限"和"爆炸下限"在定义上不完全相同，但是在实际工作中，二者是可以互相替代使用的。不同的可燃物有不同的燃烧下限，低于燃烧下限的可燃气体和氧气混合都不会发生爆炸。同时，也要注意到，大多数可燃气体或蒸气还具有一个燃烧上限浓度，在此浓度之上，混合气体也不会发生爆炸。

2. 检测原理

可燃性气体与空气中的氧气接触发生氧化反应，产生反应热（无焰催化燃烧），使作为敏感裁量的铂丝温度升高，电阻值相应增大。空气中所含有的可燃气体浓度越大，氧化反应（燃烧）产生的热量就越多，铝丝的温度变化就越大，其电阻值增加就越多。因此，只要测定敏感元件铂丝电阻值的变化，就可以检测空气中可燃气体的浓度。但单纯使用铂丝作为检测元件，其寿命短，响应不灵敏，所以，实际应用中，都是在铂丝外面覆盖一层氧化物触媒，这样既可以延长使用寿命，也可以提高仪器的响应时间。

在测量时，要在参比桥和测量桥上施加电压，使之加热从而发生催化反应，在正常情况下，电桥是平衡的，输出为零。如果在有可燃气体的环境中，可燃气体在它的表面受热催化而燃烧的过程会使测量电桥被加热温度增加，而此时比较温度不变，电路会测出它们之间的电阻变化，输出的电压或电位差同待测气体的浓度成正比。

由于催化燃烧式传感器是根据可燃气体在检测元件上进行无焰燃烧，引起电阻变化来检测气体浓度的，这个特点决定了它是一种广谱型的检测仪器，对可燃气体没有选择性。但是可燃气体的浓度与传感器输出的信号之间几乎都是呈线性关系，而且对不同气体成分的爆炸下限值具有相近的灵敏度，对于由多种可燃气体成分的混合气体，各成分在检测元件上的反应具有加合性。

3. 光学检测分析仪仪器

（1）红外线分析仪

红外线分析仪测量原理：红外线分析仪是基于被测介质对红外光有选择性吸收而建立的一种分析方法，属于分子吸收光谱分析法。气体的吸收光谱是由许多带宽很窄的吸收线组成的吸收带，用高精度的分光仪检测可以展开成独立的吸收峰。

使红外线通过装在一定长度容器内的被测气体，然后通过测定通过气体后的红外线辐射强度来测量被测气体浓度。

为了保证读数呈线性关系，当待测组分浓度大时，分析仪的测量气室较短；当浓度低时，测量气室较长。经吸收后的光能用检测器检测，转换为被测浓度的变化。

由光源发出一定波长范围的红外光，切光片在同步电机的带动下做周期性旋转，将红外线按一定的周期切割（连续地周期性地遮断光源），使红外光变成脉冲式红外线辐射，通过测量气室和参比气室后到达检测器，在检测器内腔中位于两个接受室的一侧装有薄膜电容检测器，通过参比气室和测量气室的两路光束交替地射入检测器的前、后吸收室。在较短的前室充有被测气体，这里辐射的吸收主要发生在红外光谱带的中心处，在较长的后室也充有被测气体，它吸收谱带两侧的边缘辐射。

当测量气室通入不含待测组分的混合气体时，它不吸收待测组分的特征波长，参比气室也充有氮气，红外辐射被前、后接受气室内的待测组分吸收后，室内气体被加热，压力上升，检测器内电容薄膜两边压力相等，电容量不变。当测量气室通入含待测组分的混合气体时，因为待测组分在测量气室已预先吸收了一部分红外辐射，使射入检测器的辐射强度变小。测量气室里的被测气体主要吸收谱带中心处的辐射强度，主要影响前室的吸收能量，使前室的吸收能量变小。被测量气室里的被测组分吸收后的红外辐射把前、后室的气体加热，使其压力上升，但能量平衡已被破坏，所以前、后室的压力就不相等，产生了压力差，此压力差使电容器膜片位置发生变化，从而改变了电容器的电容量，因为辐射光源已被调制，因此电容的变化量通过电气部件转换为交流的电信号，经放大处理后得到待测组分的浓度。

红外线分析仪的特点是抗中毒性好，反应灵敏，对大多数碳氢化合物都有反应。但结构复杂，成本高。

（2）激光气体分析仪

激光气体分析仪是基于半导体激光吸收光谱技术的气体分析仪，这种仪器可以对再生烟气中的重要气体进行原位测量，省去了复杂昂贵的采样预处理系统，消除了采样预处理系统带来的易腐蚀、易堵塞、样气净化要求高等因素，维护量大大降低，十分有利于再生工艺的优化控制。目前，激光吸收光谱气体分析仪已在催化裂化再生烟气分析中得到了成功的应用。

① DLAS 技术原理

与传统红外光谱技术相同，DLAS 技术本质上是一种吸收光谱技术，通过分析光被气体的选择吸收来获得气体浓度。但与传统红外光谱技术不同，它采用的半导体激光光源的光谱宽度远小于气体吸收谱线的展宽。

②激光在线气体分析系统的优点

其他气体的吸收线不在所选波长范围内，不会对吸收谱线产生干扰，因而可以避免气体交叉干扰。

系统采用非接触测量方式，即检测部分的激光器和接收器与测量气体隔离，同时核心器件——半导体激光器具有十年以上的使用寿命，因此系统的维护量更小，使用寿命更长。

4. 光离子化检测仪

光离子化检测仪主要用于检测空气中挥发性有机化合物浓度。在正负电场的作用下，形成微弱的电流。检测电流的大小，就可以知道该物质在空气中的含量。

三、常见气体分析仪的检测方式

一般可分为扩散式气体检测和泵吸式气体检测。

（一）扩散式气体检测

是被检测区域的气体随着空气的自由流动缓慢地将样气流入仪表进行检测。这种方式受检测环境的影响，如环境温度、风速等。扩散式气体检测仪的特点是成本低。

（二）泵吸式气体检测

是仪器配置了一个小型气泵，其工作方式是电源带动气泵对待测区域的气体进行抽气采样，然后将样气送入仪表进行检测。泵吸式气体检测仪的特点是检测速度快，对现场危险的区域可进行远距离测量，维护人员安全，其他和扩散式气体检测仪一样。

第二节　水质分析类计量技术

一、水质分析常用的分析方法

虽然水质各项目的分析有向仪器方法发展的趋势，但是水质的常规分析还是以化学方法为主。

化学分析方法包括重量法、容量滴定法（沉淀滴定、氧化还原滴定、络合滴定和酸碱滴定）和光度法（比浊法、比色法、紫外及可见分光光度法等）。目前，这些方法在国内外水质常规监测中还普遍采用，占了各项目方法总数的 50% 以上。

二、各类方法的基本原理和涉及的计量器具及检定方法

（一）重量法

1. 定义

通过物理或化学反应将试样中待测组分与其他组分分离，然后用称量的方法测定该组分的含量。

2. 基本步骤

在重量分析中，一般首先采用适当的方法，使被测组分以单质或化合物的形式从式样中与其他组分分离。重量分析的过程包括分离和称量两个过程。根据分离的方法不同，重量分析法又可分为沉淀法、挥发法和萃取法等。

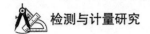

（1）沉淀法

是利用沉淀反应使待测组分以难溶化合物的形式沉淀出来。

（2）挥发法

是利用物质的挥发性质，通过加热或其他方法使被测组分从试样中挥发逸出。

（3）萃取法

是利用被测组分与其他组分在互不相溶的两种溶剂中的分配系数不同，使被测组分从式样中定量转移至提取剂中而与其他组分分离。

3. 特点

常量分析准确度较高，但是操作复杂，对低含量组分的测定误差较大。

4. 涉及计量器具

分析天平。

（二）容量法

1. 容量分析法的特点

将一种已知准确浓度的试剂溶液（滴定液），滴加到被测物质的溶液中，或者是将被测物质的溶液滴加到标准溶液中，直到所加的试剂与被测物质按化学计量定量反应为止，然后根据试剂溶液的浓度和用量，计算被测物质的含量。

2. 常用容量分析法

酸碱滴定法、非水溶液滴定法、亚硝酸钠滴定法、碘量法、配位滴定法。

（三）光度法

光学分析是基于电磁辐射与物质相互作用后产生的辐射信号或发生的变化来测定物质的性质、含量和结构的一类分析方法。它是仪器分析的重要分支，应用范围很广。原子发射光谱或原子吸收光谱法常用于痕量金属的测定。紫外 – 可见吸收光谱法和荧光光谱法可用于金属、非金属和有机物质的测定，红外吸收光谱、拉曼光谱、核磁共振波谱可测定纯化合物的性质和结构。旋光和圆二向色性法为研究分子的立体化学和电子结构提供了重要的信息，总之，光学分析法在定性、定量和化学结构的研究方面起着极其重要的作用。电磁辐射包括从 γ 射线到无线电波的所有电磁波谱范围（不只局限于光学光谱区）。电磁辐射与物质相互作用的方式有发射、吸收、反射、折射、散射、干涉、衍射、偏振等。

1. 光学分析法分类

光学分析法可分为光谱法和非光谱法两大类。

（1）光谱法

利用物质与电磁辐射作用时，物质内部发生量子化能级跃迁而产生的吸收、发射或散射、辐射等电磁辐射强度随波长变化的定性、定量分析方法。

按能量交换方向分为吸收光谱法和发射光谱法。

按作用结果不同分为原子光谱→线状光谱和分子光谱→带状光谱。

原子光谱法是由原子外层或内层电子能级的变化产生的，它的表现形式为线光谱。属于这类分析方法的有原子发射光谱法（AES）、原子吸收光谱法（AAS）、原子荧光光谱法（AFS）以及 X 射线荧光光谱法（XFS）等。

分子光谱法是由分子中电子能级、振动和转动能级的变化产生的，表现形式为带光谱。属于这类分析方法的有紫外－可见分光光度法（UV–Vis）、红外光谱法（IR）、分子荧光光谱法（MFS）和分子磷光光谱法（MPS）等。

（2）非光谱法

不以光的波长为特征信号，仅通过测量电磁辐射的某些基本性质，如反射、折射、干涉、衍射和偏振等的变化而建立的分析方法。

分类：折射法、旋光法、比浊法、X 射线衍射法。

（3）光谱法和非光谱法的区别

①光谱法：内部能级发生变化。

原子吸收 / 发射光谱法：原子外层电子能级跃迁分子吸收 / 发射光谱法：分子外层电子能级跃迁。

②非光谱法：内部能级不发生变化，仅测定电磁辐射性质改变。

分光光度分析法是以物质对光的选择性吸收为基础的分析方法。根据物质所吸收光的波长范围不同，分光光度分析法又有紫外、可见及红外分光光度法。

2. 辐射（光）的吸收定律

辐射（光）的吸收定律即朗伯－比耳定律，它定量地说明物质对辐射（光）选择吸收的程度与物质浓度及液层厚度之间的关系，即当一束平行的单色辐射（光）通过物质溶液时，溶液的吸光度与溶液浓度及液层厚度的乘积成正比。此定律是紫外—可见吸收光谱分析法与红外吸收光谱分析法定量分析的理论基础。

（四）原子吸收分光光度计

原子吸收光谱是根据蒸气相中被测元素的基态原子对其原子共振辐射的吸收强度来测定试样中被测元素的含量。目前，一般采用测量峰值吸收系数的方法代替测量积分吸收的方法。如果采用发射线半宽度比吸收线半宽度小得多的锐线光源，并且发射线的中心与吸收线中心一致，就不需要用高分辨率的单色器，而只要将其与其他谱线分离，就能测出峰值吸收系数：锐线光源是发射线半宽度远小于吸收线半宽度的光源，如空心阴极灯。在使用锐线光源时，光源发射线半宽度很小，并且发射线与吸收线的中心频率一致。这时发射线的轮廓可看作一个很窄的矩形，即峰值吸收系数在此轮廓内不随频率而改变，吸收只限于发射线轮廓内。这样，一定的发射强度即可测出一定的原子浓度。

1. 原子吸收光谱仪的构成

原子吸收光谱仪由光源、原子化器、分光器、检测系统组成。

2. 影响分析灵敏度的因素

（1）灯电流

火焰原子吸收分光光度计使用的光源大都是空心阴极灯，空心阴极灯操作参数只有一个灯电流。灯电流大小决定着灯辐射强度。在一定范围内增大灯电流可以增大辐射强度，同时灯稳定性和信噪比也增大，但是仪器灵敏度降低。如果灯电流过大，会导致灯本身发生自蚀现象而缩短灯使用寿命，会放电不正常，使灯辐射强度不稳定。相反，在一定范围内降低灯电流可以降低辐射强度，仪器灵敏度提高，但灯稳定性和信噪比下降，如果灯电流过低，又会使灯辐射强度减弱，导致稳定性和信噪比严重下降以至于不能使用。因此，在具体检测工作中，如被测样浓度高时，则使用较大灯电流，以获得较好稳定性；如被测样浓度低时，则在保证稳定性满足要求的前提下，使用较低的灯电流，以获得较好的灵敏度。

（2）雾化器

雾化器的作用是将试液雾化。它是原子吸收分光光度计重要部件，其性能对测定灵敏度、精密度和化学干扰等产生显著影响。雾化器喷雾越稳定，雾滴越微小均匀，雾化效率也就越高，相应灵敏度越高，精密度越好，化学干扰越小。雾化器调节目前都是通过人工调节撞击球和毛细管之间相对位置来实现。检测人员应将雾化器调节到雾滴细小而均匀，最好是雾滴在撞击球周围均匀分布，如果实在实现不了，雾滴以撞击球为中心对称分布也可以。

（3）提升量

提升量大小影响到灵敏度高低。过高或过低的提升量会使雾化器雾化不稳定。

增大提升量的办法有：增大助燃气流量。这样增大负压使提升量增大。缩短进样管长度。缩短进样管长度使管阻力减小，使试液流量增大。相反，如想降低提升量，则可以减小助燃气流量或加长进样管长度。

（五）原子荧光光谱仪

原子荧光光谱法以原子在辐射能激发下发射的荧光强度进行定量分析的发射光谱分析法。但所用仪器与原子吸收光谱法相近。

1. 原子荧光光谱法的优点

（1）有较低的检出限，灵敏度高

由于原子荧光的辐射强度与激发光源成比例，采用新的高强度光源可进一步降低其检出限。

（2）干扰较少，谱线比较简单

采用一些装置，可以制成非色散原子荧光分析仪。这种仪器结构简单，价格便宜。

2. 原理

（1）原子荧光光谱的产生

气态自由原子吸收特征辐射后跃迁到较高能级，然后又跃迁回到基态或较低能级。同时发射出与原激发辐射波长相同或不同的辐射即原子荧光。原子荧光为光致发光，二次发光，激发光源停止时，再发射过程立即停止。

（2）原子荧光的类型

原子荧光分为共振荧光、非共振荧光与敏化荧光三种类型，其中共振荧光强度最大，最为常用。

3. 仪器

荧光仪分为色散型和非色散型两类。荧光仪与原子吸收仪相似，但光源与其他部件不在一条直线上，而是 90° 直角，而避免激发光源发射的辐射对原子荧光检测信号的影响。

第三节　质量计量类专业技术

一、质量计量类专业技术

质量是物体重要的属性之一。在国际单位制中，质量单位是七个基本单位之一，无论就其本身还是与其他单位的关系而言，它都是非常重要的。

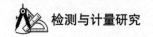

（一）质量计量基础知识

一切物体都具有两种极其重要的物理属性，即引力质量和惯性质量，它们之间存在着紧密的联系。

1. 引力质量

物体都是引力场的源泉，都能产生引力场，也都受引力场的作用。物体的这一属性是通过万有引力定律表现出来的。

2. 惯性质量

物体的惯性，也就是物体抵抗外力改变其原有的机械运动的本领。它通过牛顿第二定律表现出来。

牛顿第二定律可叙述为：物体动量的变化率与作用在物体上的合外力成正比。而物体的动量是物体惯性质量与物体运动速度之积。当物体的运动速度远远小于光速时，物体加速度的大小与作用在物体上的合外力成正比，与该物体的惯性质量成反比，加速度的方向与所受合外力方向相反。

因此，惯性质量也常常用来定量地表示物体惯性的大小，质量是物体惯性的量度。

物体的引力质量和惯性质量是在不同实验事实的基础上定义出来的，它们用来量度物体两种不同的性质。从概念上讲，它们是不同的，不应混为一谈。在实际工作中，用天平称量出来的是引力质量，用质谱仪测量出来的是惯性质量。但物体的引力质量和惯性质量之间却存在着极其严格的正比关系，至今的物理实验证明，只有采用国际单位制进行有关计算时，才能保证物体的引力质量值等于它的惯性质量值。因此，平时不必再区分引力质量和惯性质量，而统称为质量。

（二）质量和速度

由相对论可知，物体的质量是和它的运动速度有关系的，其质速关系式为：

$$m = \frac{m_0}{\sqrt{1 - \dfrac{v^2}{c^2}}}$$

式（6－1）

式中， m ——物体的质量；

m_0 ——物体在静止时的质量，称为"静止质量"；

v ——物体的运动速度；

c ——光速。

由质速关系公式可知，物体的质量随速度增加而增加，当速度很大时物体的质量可以是它静止质量的许多倍。但作为日常质量计量工作中所碰到的物体，运动速度极小，绝大部分是静止的，所以 $m = m_0$。

由此可知：当 v<c 时，物体的质量是一个不变的量，它不随时间地点而变，而且与运动速度大小无关。

二、质量的国际单位

质量的国际单位是"千克"，其符号为"kg"，它是用"国际千克原器"所具有的质量值来表示的。

国际千克（千克）原器是一个直径和高均等于 39 mm 的铂铱合金直圆柱体（要求铂的成分占 90%，铱的成分占 10%，各自纯度为 9999），其棱边为圆弧形，在温度为 293.15 K（相当于 20.15℃）时，体积为 46.3960 cm^3。

国际千克原器是目前世界上复现质量单位唯一的"实物"，到目前为止质量单位是国际单位制七个基本单位中唯一还在用实物来定义的单位。随着科技的发展，基本单位都用物理常数来定义，目前提出千克定义的方案可分两类：一类是采用普朗克常数 h，通过功率天平的测量来间接导出质量单位千克的定义；另一类是采用原子质量，通过阿伏伽德罗常数 N_A 来直接导出质量单位千克的定义。现仍处于全世界科学家的研究实验过程中。

千克是质量的主单位，在日常工作中，常常需要使用质量单位的分量单位和倍量单位。常见的质量单位的分量单位是克（g）、毫克（mg）、微克（μg）。

三、衡量的基础知识

（一）衡量和衡量方法

1. 衡量

就是利用天平或秤，为确定物体质量值而进行的一组实验工作。

2. 衡量方法

就是在衡量的过程中所采用的衡量原理、衡量器具和比较步骤的方法之总和。

（二）常用的衡量方法

质量计量工作中经常采用的衡量方法有直接衡量法（也叫比例衡量法）、替代衡量法（也叫波尔达衡量法）、连续替代法（也叫门捷列夫衡量法）、交换衡量法（也叫高斯衡量法）。其中，替代衡量法、交换衡量法、连续替代法为精密衡量法，它们广泛应用于质

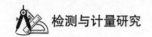

量计量的检定传递工作中，可根据工作需要和精度要求，选择合适的衡量方法。

1. 直接衡量法

采用这种衡量方法时，需要进行两次称量，第一次是在空载天平上进行，测定出此时的平衡位置；第二次是在天平上放上被测物体时进行。对于等臂双盘天平来说，就是在一个秤盘上放被测物体，在另一秤盘上放标准砝码，然后读取此时的天平的平衡位置。这种方法测量速度最快，但是精度不高，没有消除天平的不等臂性误差。

2. 替代衡量法

替代衡量法是法国科学家波尔达首先提出的，所以也叫波尔达衡量法。

具体方法：把被测物体放在一个秤盘上，在另一个秤盘上放上平衡物，使天平实现平衡，并读取平衡位置，然后，把被测物体从秤盘上取下来，放上相应的标准砝码，读取此时的平衡位置，最后，把一标准小砝码添加在放标准砝码的秤盘上读取平衡的位置，砝码质量即为被测物体质量。

衡量方法就是常用的单次替代衡量法，在进行高准确度等级砝码量值传递过程中，还常常采用另一种形式的替代衡量法——双次替代衡量法。

替代衡量法属于精密衡量法，可以消除不等臂误差影响。

第四节 温度检测类计量技术

一、温度的基本概念

温度，是表示物体冷热程度的物理量。在整个宇宙中，温度无处不存在，它是七个基本物理量之一，与其他基本物理量相比要更复杂。温度是一个内涵量（强度量），不是广延量。

微观上，温度表示物体分子热运动的剧烈程度，从分子运动论观点看，是物体分子平均平动动能的标志。温度是大量分子热运动的集体表现，含有统计意义，对于个别分子来说，温度是没有意义的，温度只能通过物体随温度变化的某些特性来间接测量。而用来量度物体温度数值的标尺叫温标，就是用数值表示温度高低的方法，它规定了温度的读数起点（零点）和测量温度的基本单位。

二、温度计的发明及发展

温度计，是测温仪器的总称，它可以准确地判断和测量温度。广义来讲，一切物质的任一物理属性，只要它随温度的改变而发生单调的、显著的变化，都可用来制成温度计。但是，真正能作为实际制作温度（传感器）计的物质需要具备以下要求：物质的特性随温度的变化有较大的变化，且变化量易于测量；除温度外，对其他物理量的变化不敏感；性能稳定、重复性好、几何尺寸小便于加工；有较强的耐机械性、化学及热作用等特点。根据使用目的的不同，已设计制造出利用固体、液体、受温度的影响而出现热胀冷缩现象的煤油温度计、酒精温度计、水银温度计、双金属温度计气体温度计；有电阻随温度的变化而变化的电阻温度计等电偶温度计、辐射温度计。

三、温标

温度的"标尺"——温标就是依据测量一定的标准划分的温度标志，就像测量物体的长度要用长度标尺一样，是一种人为的规定，或者叫作一种单位制，它是温度量值的表示法。

温标的三要素：固定点、内插仪器和内插公式。以上三个要素实际包括了五方面的内容，即测温质；测温性质（测温参量）；温度与测温参量间的关系；标准温度点；标准温度点的数值。任何一种温标，在这五方面都有确定的内容(除热力学温标不涉及测温质外)，改变其中的任何一条就成为另一种温标。为寻求理想的标准温标（不因为测温物质、测温参量不同而读数出现差异）经历了由经验温标—半理论性温标—理论性温标的漫长过程。

第五节　压力检测类计量技术

一、压力及压力仪表概述

（一）压力概念

在现代工业、科学研究及日常生活中，压力计量技术有着很重要的地位。在工业生产上，压力与其他的物理参数一样，是工业生产过程及自动过程中不可缺少的控制参数，其计量准确程度直接影响到生产的经济效益和能源的利用率。

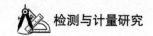

众所周知，力是物体间的相互机械作用，当施力于物体上时，其体积、形状都会发生变化，或者改变物体的机械运动状态而产生加速度。物理学和工程技术中，将液体、气体或蒸气等介质连续垂直作用于单位面积上的力称为压力，也称压强。

1. 大气压力

大气压力是指地球表面上的空气因自重所产生的压力，也就是围绕地球表面的空气由于地球对它的吸引力，在物体单位面积上所产生的力，它随测压点的海拔高度及纬度和气象情况的不同而不同，也随时间、地点和温度的变化而变化。

2. 绝对压力

绝对压力是指液体、气体或蒸气所处空间的全部压力，它表征某一测定点以绝对真空做参考点的压力值。

3. 表压力

以环境大气压力做参考点的压力称为表压力，又称表压。压力高于大气压为正表压，低于大气压为负表压。

4. 疏空（又称负压）

当绝对压力小于大气压力时，绝对压力与大气压力之差称为疏空，有时也称为疏空压力或负压。

5. 真空度

小于大气压力的绝对压力称为真空度。

6. 差压

两个压力值之差称为压差，如果泛指这种压差的压力时，则称为差压，一般用 P_d 表示。

（二）压力的单位

根据压力的定义可以看出，压力是由作用力与作用面积的比值所决定的，压力的法定单位为帕斯卡，简称帕，符号 Pa，其物理意义为：在每平方米的面积上垂直且均匀地作用着 1 牛顿的力，即 $1 Pa = 1 N/m^2$。

（三）压力仪表的分类

测量压力的仪器仪表种类很多，常用的有以下几种：

1. 弹性元件式压力表

利用各种不同形状弹性敏感元件在受压后产生弹性变形的原理而制成的压力表统称为弹性元件式压力表不同的弹性敏感元件制成的压力表用来测量不同范围的压力。由于弹性元件受压后产生的变形，把被测压力变换为弹性变形位移，通过机芯结构的放大，变成压力表指针的偏转，并在刻度表盘上指示出被测量的压力量值，弹性元件式压力仪表的特点。

弹性元件式压力仪表具有体积小、结构简单、测量范围广、使用方便、便于维修、价格低等优点；但由于弹性元件弹性极限限制、弹性后效、非线性等，弹性元件式压力表存在准确度低、长期稳定度差等缺点。弹性元件式压力仪表广泛应用于油田、锅炉、化工、钢铁等领域，适合一些工作环境差、防爆等场合使用。弹簧管式精密压力表可作为低等级压力量值传递的标准器。

2. 液体压力计

液体压力计，又称液柱压力计，它是基于流体静力学原理，利用液柱自重产生的压力与被测压力相平衡的原理来测量压力的仪表。

3. 活塞式压力计

它是基于帕斯卡定律和流体静力学原理，由专用砝码的重力作用在活塞有效面积上所产生的压力与被测压力相平衡来测量压力的仪表。

4. 数字压力计（表）

压力传感器把压力信号转变为电信号，经放大器放大，由 A/D 转换器转换成数字信号显示出压力值。

（四）弹性元件式压力仪表的分类

根据弹性敏感元件形状的不同，可分为单管弹簧管压力表（C 型弹簧管压力表）、多圈（螺旋）弹簧管压力表、膜片压力表、膜盒压力表、波纹管压力表。

按被测介质及用途的不同，有普通型压力表、氧气压力表、氨压力表、乙炔压力表、双针双管压力表、隔膜压力以及各种专用的耐振、耐酸、耐硫、耐高温、耐蚀、防冻、防爆、防水压力表等。

如果增设附加机构，如记录机构、控制元件或电气转换装置等，则有特别的压力记录仪、压力控制报警器、电接点压力表、远传压力表、带校验指针压力表、温度补偿压力表等。

按准确度等级分，有弹簧管式精密压力（真空）表和弹簧管式一般压力（真空）表两种常用的精密压力表的准确度等级有 0.16 级、0.25 级、0.4 级，一般压力表的准确度等级有 1 级、16 级、2.5 级、4 级。

（五）弹性元件式压力仪表的工作原理

弹性式元件压力仪表是利用各种不同形状弹性敏感元件在被测介质压力或其空的作

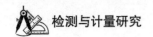

用下产生弹性变形的原理来测量压力。根据胡克定律，弹性元件在外界压力作用下产生变形，在弹性极限范围内，其变形与所受压力成正比关系。

1. 弹簧管式压力表

弹簧管式压力表主要有以下零部件组成：接头、弹簧管、封口片、机芯、连杆、表盘、指针、衬圈、表壳、表玻璃、罩圈。其中关键零部件是接头、弹簧管和机芯。

压力表的管状弹簧在所测压力的作用下，横截面发生变形，曲率半径发生变化，产生的弹性力与被测压力相平衡，利用弹簧管自由端的位移，带动传动机构和指针，指示出压力值。当释放所测压力时，弹簧管恢复原状，指针回到零点位置。

压力表接头连接在被测压力容器或管道上，弹簧管一端固定在表体上，另一端封闭为自由端，用拉杆与扇形齿轮的调整端由螺丝连接，扇形齿轮和中心齿轮的轴安装在上夹板和下夹板上。下夹板在松动螺丝时，可以绕指针轴转动，借以调整拉杆与扇形齿轮调整端的夹角，中心齿轮上安有指针和游丝，游丝的另一端固定在上下夹板的支柱上，游丝的扭力使扇形齿轮与中心齿轮紧密结合。当被测压力进入弹簧管后，使管子的短轴增大，自由端向外右上方移动，借助拉杆，扇形齿轮带动中心齿轮，使指针按顺时针方向做角位移，在刻度盘上指示出所测压力。弹簧管真空表与弹簧管压力表的结构相同，有的制成使指针做逆时针方向转动的，它与压力表的不同之处在于，当弹簧管内造成负压时管子的短轴减小，自由端向里位移，经过传动机构使指针按逆时针方向做角位移，在刻度盘上显示出所测负压值。

2. 膜片式压力表

膜片压力表，是指以金属膜片为弹性敏感元件的压力表，当被测介质的压力从接头引入膜腔后，使膜片产生变形位移，并借助固定在膜片中心的连杆带动机芯，使指针在表盘上偏转，指示出压力值来。同隔膜压力表一样，膜片压力表的优点是根据不同的被测腐蚀介质，选取不同的膜片材料，以达到最好的耐腐蚀性。膜片压力表适用于测量黏度较大的酸性、碱性、醛化等腐蚀性较强的介质，用于化工、石油、电站、造纸等行业。

膜片有平面膜片和波纹膜片两种，对于波纹膜片，当作用压力一定时，膜片的中心位移较大，灵敏度较高，因而应用比平面膜片更广泛。平面膜片虽然制作简单，但中心位移量小并且中心位移和作用压力之间的关系有较大的非线性，所以在压力表中应用较少。由于膜片本身的特性，即位移量与压力之间不成正比关系，线性差，因此膜片式压力表准确度很低，一般只能达到 2.5 级。在压力的作用下，膜片的挠度极为微小，只有（1.5 ~ 2）mm，灵敏度很低，因此，还要有放大作用的传动机构。随着压力的提高，灵敏度显著降低，密封性也较难保证。

膜片压力表主要由下接体、上接体、膜片、连杆、机芯、指针、表盘等组成。具有同心波纹的膜片被固定于上膜盖和下膜盖的中间，为使两膜盖把膜片的边缘压紧且密封，就用带孔紧固螺钉加以连接，这样，当被测介质的压力由接头通入膜腔后，膜片就发生变形而产生相应的位移，借助连杆组再经传动放大机构的放大，而使固定于传动机构上的指针回转，并在表盘上指示出被测压力值来。

3. 膜盒压力表

膜盒压力表也称微压表，主要是用来测量微小气压或负压。它是为了增加膜片的位移量，提高压力表的灵敏度而把两个同心膜片焊接在一起，做成空心膜盒，并用膜盒作为弹性敏感元件用来测量微小压力的压力表。膜盒压力表主要由接头、表壳、膜盒、连杆、机芯、指针、表盘等构成。当被测压力从接头进入膜盒腔内以后，膜盒自由端受压而产生位移，此位移借助连杆带动机芯中轴转动由指针将被测压力值在表盘上指示出来。

4. 隔膜压力表

隔膜压力表，是指用隔膜装置（内部灌充工作液体）将指示部分与被测介质隔离的压力表。隔膜压力表的隔膜装置主要分为膜片式和波纹管式两种，而膜片式的用途最为广泛。

膜片式隔膜压力表用专用设备将弹簧管内抽成真空，并充入灌充液，用膜片将其密封隔离，当用隔膜压力表测量压力时，被测工作介质直接作用在隔膜膜片上，膜片产生向上的变形，通过弹簧管内的灌充液将介质压力传避给弹簧管，使弹簧管产生变形，自由端产生位移，再借助连杆带动机芯，使指针在表盘上指示出被测压力值。

5. 波纹管式压力表

波纹管压力表，是以波纹管做敏感元件制成的弹性元件式压力表。当波纹管从外或从内受压力作用时，它的高度将减小或增加，使各个平面互相平行地移动，波纹管顶端装有传动机构，传动机构通过小齿轮上的指针，在表盘上指示出被测压力值来。当被测压力从接头进入波纹管后，波纹管向上升高，使自由端产生位移，通过传动机构使小齿轮转动，使指针在表盘上指示出被测介质的压力值来。

（六）压力表的正确使用

1. 压力表准确度等级的选择

从工作条件要求来选择最经济的准确度等级。

2. 压力表测量范围的选择

在压力稳定的情况下，被测压力的最大值为压力表满刻度值的 2/3 为宜；在脉动（波动）压力情况下，被测压力的最大值为压力表满刻度的 1/2 为宜。仪表使用环境温度如偏

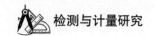

离（20±5）℃时，须考虑附加误差。

当测量一般气体、水和油液的压力时，可选用一般压力表。当测量硝酸、磷酸、强碱的压力时，可用不锈钢压力表，但是当被测量的介质有很强的腐蚀性（如盐酸、湿氯气），有很高的黏度（如乳胶），易结晶（如食盐水），易凝固（如热沥青），有固态浮游物（如污水），在选用以上压力表是不可行的，只有选用隔膜压力表才能解决这些问题。可以根据不同的强腐蚀介质，选用不同的耐腐蚀隔膜膜片材质以起到防腐的作用。由于隔膜膜片可以阻止高黏度、易结晶、易凝固的介质流入导压孔内，保证仪表正常工作，所以隔膜压力表广泛应用于石油化工、冶金电力、食品制药等行业。

3. 压力表的安装

对于有腐蚀性介质的、有高温介质的、压力有剧烈波动的情况，均应采取一定的保护措施。压力表的安装位置，应符合安装状态要求。压力表应垂直安装，表盘一般不应该呈水平状态，不然游丝将失去对齿轮间隙的控制作用，一般应将表盘竖直。位置的高低应适合工作人员的观测测压点与压力表安装处不在同一水平位置时，应考虑附加误差的修正。仪表安装处与测压点之间的距离应尽量短，以免指示迟缓。同时，要保证密封性，不应有泄漏现象出现。

4. 使用、保管与运输时的注意事项

仪表在下列情况使用时，加装附加装置不应产生附加误差，否则应考虑修正。为了保证仪表不受被测介质侵蚀或黏度太大及结晶的影响，应加装隔离装置；为了保证仪表不受被测介质的急剧变化或脉动压力的影响，应加装缓冲器；为了保证仪表不受振动的影响，应加装减振装置及固定装置；为了保证仪表不受被测介质高温的影响，应加装充满液体的弯管装置等。

压力表应具有未超过有效期的检定证书，并有完整无损的检定封印。

膜片式压力表的安装使用中，应注意安装法兰内的金属膜不应碰撞，以免精度下降。专用的特殊仪表，严禁做其他用途，也严禁在没有特殊可靠的装置上进行测量，更严禁用一般的压力表做特殊介质的压力测量。

5. 电接点压力表仪器的正确使用

由于触头在接通（或断开）的瞬间容易产生火花和电弧现象，所以电接点压力表不宜用于有激烈振动或有爆炸性混合物的场所，否则，容易引起爆炸。如果要在易燃易爆的情况使用，必须采用防爆电接点压力表。防爆电接点压力表的作用原理与一般电接点压力表相同，只是外壳结构有所不同。在使用时，如果内部的爆炸混合物因受到火花和电弧的影响要发生爆炸时，所产生的热量不能顺利地向外扩散——传爆，而只能沿外壳上具有足够长度的微小缝隙处缓慢地传到壳体外部，这时传到壳外的瞬间温度已不能点燃外界的爆炸性混合物，所以不致爆炸。

（七）弹性元件式压力表的检定

1. 标准器的选择

标准器的测量范围应能覆盖被检表的测量范围。根据测量范围和准确度等级计算出允许误差，按检定规程标准器的允许误差绝对值应不大于被检压力表允许误差绝对值的1/4。检定一般压力表通常选用精密压力表作为标准器，检定精密压力表通常选用活塞式压力计或数字压力计作为标准器，检定2.5 kPa以下的压力仪表通常选用补偿式微压计作为标准器。

2. 辅助设备

按检定规程对检定用工作介质的要求，检定油介质压力表可选用油介质压力校验器或油介质手掀泵、电动泵等；检定气体介质压力表可选用气体压力校验器、真空校验器及空气压缩机、真空泵等；检定氧气压力表可选用水介质压力校验器或选用油介质压力校验器和油–水隔离器；检定电接点压力表还要使用电接点信号发讯设备及绝缘电阻表用于检定设定点偏差、切换差和绝缘电阻。

3. 检定用工作介质

测量上限值不大于0.25 MPa的压力表，工作介质为清洁的空气或无毒、无害和化学性能稳定的气体。

测量上限值不大于2.5 MPa，实际是用于测量气体压力的精密压力表，检定时也用气体作工做介质。

测量上限（0.25 ~ 250）MPa的压力表，工作介质为无腐蚀性的液体。

测量上限为（400 ~ 1000）MPa的压力表，工作介质为药用甘油和乙二醇混合液。

4. 检定方法

将标准压力表和被检压力表安装在同一台压力校验器上，或通过三通管将标准压力表和被检压力表连接到同一台压力泵上，用压力校验器或压力泵造压，通过液体或气体工作介质同时给标准压力表和被检压力表输入相同的压力，采用比较法对被检压力表的示值误差进行检定。

一般压力表的检定项目：外观、零位检查、示值误差、回程误差、轻敲位移、指针偏转平稳性。电接点压力表还须检定：设定点偏差、切换差和绝缘电阻。

耐振压力表在检定前或安装后，应先将表壳上的充油孔的密封螺钉拧松1 ~ 2扣，以

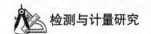

使表壳内的气压与外界相同，否则会因表壳内充油后憋着气体的残余压力影响压力表检定的准确性。由于耐振压力表加了阻尼器，必要时应考虑阻尼引起的误差并加以修正。

检定隔膜压力表时不能将压力表表头从上接体拧下来进行检定，检定完后再将表头拧上去，这样会使灌冲液流失，影响仪表的准确度和使用功能。应根据上接体的法兰式连接或夹式连接方式制作相应的下接体，再连接到压力校验器上。

（八）压力表示值误差的调整

1. 零点超差及调整

精密压力表和无零位限止钉的压力表，往往出现零点的正、负超差现象。其原因是弹簧管的弹性后效、弹性迟滞及残余变形量的积累；或测压时超压，使齿轮脱开啮合位置；或弹性元件的材料疲劳强度低等所造成调整此类超差，可以取下指针和表盘，使游丝松紧适度后，将表盘、指针重新安装，指针对准零点即可。但有时零点示值合格了，又产生其他误差，则可按有关误差进行调整。

2. 测量上限示值超差的调整

当压力表与标准器进行比对时，在测量上限附近出现压力表的示值大于（或小于）标准器示值的现象被认为是正（负）超差，此种压力表示误差绝对值逐点增大直到测量上限附近时才超差，即示值误差成比例地增大或减小（负超差）的情况是比较好调整的。连杆下端在扇齿槽中左右移动，可调整线性误差。

调整连接于齿轮机构中的扇形齿轮尾部的拉杆位置，向外（向右）移动，增大臂长，减小传动比，可调整正超差。向内（向左）移动，减小臂长，较大传动比，则可调整负超差。

3. 示值前快后慢超差及调整

当示值误差与压力的增大不成比例时，即当压力在测量范围的前半部分呈现正误差，后半部分却呈现负误差，以至于超过允许范围。这是由于初装时扇形齿轮与中心齿轮的初始啮合位置不当，或由于弹簧管本身的实际承压能力与应有的承压能力有较大的差异，往往出现前快后慢的失调现象调整这种超差，单靠调整臂长是无法解决的，只能改变扇形齿轮与小齿轮的初始啮合位置才能解决在压力为零时，连杆与扇齿间的夹角称为初始角改变初始角的大小，可以调整压力表的非线性误差。调整时，松开下夹板上的固定螺钉，将齿轮传动机构按顺时针方向转动（转角大小视误差大小而定），加大初始角，然后固定螺钉。在初始夹角得到调整后再对示值误差进行检定。当增压到测量上限的一半时，其夹角约等于 90°，这时在整个测量范围内一般能得到一致的误差（正或负），明显消除了前快后慢的超差现象，然后再调整臂长即可解决。

4. 示值前慢后快超差的调整

示值前慢后快超差的实质与前快后慢一样，只是呈现的误差情况与其相反，即在测量压力的一半之前，呈现负的超差，测量上限压力的一半之后，呈现正的超差现。因此，按逆时针方向转动齿轮传动机构，减小初始角，直到消除这一现象达到合格为止。

5. 轻敲示值变动量超差的调整

按检定规程要求，读取示值时要轻敲表壳并读取所产生的示值变动量，其允许值为基本误差绝对值的一半。示值轻敲位移可分为动荡位移和摩擦位移。当传动零件的轴向间隙过大或齿轮啮合间隙过大，游丝力矩过小，甚至指针轴套松例等，都会造成示值跳动变化不定的动荡位移，而齿轮啮合间隙过小，拉杆与扇形齿轮尾部的示值调节螺钉固定太紧（或间隙太小），即拉杆不活络，游丝力矩过大，扇形齿轮与中心齿轮安装轴与轴承不够光滑或轴承太脏，都会出现示值跳动后不再变化的摩擦位移。

调整时首先要确定造成示值变动量超差的原因，针对情况进行调整，调整后应使各间隙适中（用手指上下拨动拉杆时，拉杆要有一定的活动余量），游丝力矩适中，或重新拧紧指针与轴套，或用柳木根将装齿轮轴的孔内壁擦干净，如果采取上述措施后仍不见效，则应更换零件。

6. 电接点压力表的常见故障

压力升到上限值或降到下限值时不能控制，输出信号没有变化，可能是电接点触头长期使用，产生火花和电弧现象，形成一层氧化膜，触头接触后不能良好导通。对形成氧化膜的触头用细砂布抛光，对于劣质的电接点触头须更换。压力升高或降低时，压力表指针卡在下限或上限设定指针上，主要因为振动或压力冲击等使压力表指针抬高和设定指针重合在一起，可打开压力表，压低指针。

电接点压力表轻敲位移过大，触头上游丝力矩太大或太小，触头中心轴有异物、污物，机芯有毛病，适当地调正触头游丝，清洗触头，修复机芯。

二、液体压力计

（一）液体压力计概述

液体压力计是根据帕斯卡定律和流体静力学原理而制成的测量压力的仪器，即利用液柱（液位差）自身重量产生的压力与被测压力相平衡的原理制成的压力计。测量压力时，液柱高度本身的重力 G 作用于液柱管内。截面积 A 上所产生的压力与被测压力 P 相平衡。通过测量液柱高度差来得到被测量压力。

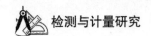

液体压力计结构简单，使用方便，读数直观，价格低廉，有较高的准确度。其缺点是量程受液柱高度的限制，测量范围小，一般被测液柱高度最高为（1 ~ 2）m。液体压力计反应较迟钝，不便快速测量。玻璃管容易损坏，只能就地指示被测压力值，不能给出远传型信号，常用工作介质汞对环境有污染。

但液体压力计准确度较高，具有较小的不确定度和较好的长期稳定性，因而作为计量标准器仍享有特殊的地位。液体压力计在实验室应用较多，可做计量标准器和工作用压力计，液体压力计由于其特定的工作原理，即利用液柱自身重量产生的压力与被测压力平衡，被广泛地用于低压测量及微小压力的测量。测量上限从几十帕到 0.3 MPa。可测量正表压、负表压（真空）和差压，还可用来测量大气压力。

（二）液体压力计的分类

常用的液体压力计有 U 形（双管）压力计、杯形（单管）压力计、倾斜式微压计、补偿式微压计、水位计、水银气压计、钟罩式压力计等。常用的工作介质有水、酒精、油和水银等液体介质。其中，补偿式微压计和一些精密杯型和 U 形液体压力计被用作为计量标准器使用。

1. U 形管液体压力计

U 形管液体压力计是结构形式为 U 形管的液体压力计。主要结构形式有墙挂式和台式两种。

U 形管液体压力计主要由 U 形测量管、刻度标尺、底板等组成。U 形管由一根玻璃管弯成 U 形或两根相互平行的直玻璃管，由橡皮管连接而成。玻璃管内外壁须光滑清洁，内径、外径粗细均匀，不得有弯曲现象和影响读数或强度的缺陷。刻度标尺安装在 U 形管中间并与两管平行，用来测量液体高度。其技术要求是厚薄均匀，热膨胀系数要小，刻度线、字码、计量单位应清晰准确。底板用于紧固 U 形管和刻度标尺，并符合仪器的组装要求，底板可用硬质木材、金属或其他坚固而又不易变形的材料制成。

液体压力计使用或检定前应充分排除液体内的残余空气，方法为反复几次加压至测量上限。用加减工作液体的方法使仪器示值处于零位。

几种类型的液体压力计中，无论是采用补偿式原理或是利用其倾角和面积比测量压力，其基本测压原理都是 U 形压力计的工作原理，即 U 形管两端液柱高度差产生的压力与被测压力相平衡，通过测量液柱高度差，再根据流体静态压力方程得到被测压力。

2. 补偿式微压计

补偿式微压计由一个上下可移动的容器和一个静止的（可上下微调）容器相连，用可动容器的位移变化来补偿被测压力所引起的静止容器中液体零点变化。

补偿式微压计基于 U 形液体压力计的测压原理，在压力作用下形成液柱高度差，通过可移动容器的位移变化使液面重新达到零位平衡位置。采用补偿原理，使可动容器和静止容器的液位差所产生的压力与被测压力相平衡。

3. 台式血压计

台式血压计属于杯形液体压力计，是医务人员常用的一种诊断仪器，属于强制检定的计量器具。如使用不正确，会影响诊断的准确程度。台式血压计的测量范围一般为（0 ~ 40）kPa，（0 ~ 300）mmHg。刻度标尺以采用 kPa 为主，并保留 mmHg 的双刻度形式。

台式血压计由测量部分和造压部分组成。测量部分由标尺、玻璃管、贮汞瓶、贮汞瓶开关和外壳构成；造压部分则由气囊、气阀和鼓气球构成。

工作原理：用鼓气球鼓气，使缚于人手臂上的气囊充气，同时使水银柱沿玻璃管上升，当气囊内的压力与人体主血管内血流压力相平衡时，汞柱指示的压力值，即为人体的血压。

台式血压计的常见故障及排除方法如下：

（1）汞溢出

主要原因：使用完毕后通往汞瓶的开关未关闭，由于拿放的位置不当或携带外出时倾斜，使汞从玻璃管上端的空气过滤器中溢出。

使用不当，如加压过大，使汞从过滤器中溢出；再如先加压，后开开关，由于压力过大，使汞从空气过滤器中溢出。

汞溢出，会使汞柱零位下降，降低测量的准确度。汞有毒，对人体健康有害，在工作中应注意防止汞粒散失，修理后的废物要妥善处理，汞散落时，要立即设法收集，并用硫黄粉清扫，使生成溶解度小的硫化汞，从而避免因单质汞的蒸发而污染环境或产生汞中毒。在使用血压计时，应先打开开关，缓慢加压，防止汞溢出管外。用完后应将管内的汞全部流入汞瓶后再关闭开关。汞溢出后，应及时添补溢出的汞，以保证测量准确度。

（2）灵敏度低

造成血压计灵敏度低的原因：测量管上端的通气孔被灰尘、氧化汞堵塞，从而造成通大气一端的透气性不好，使汞柱升降呆滞，读数不准。

氧化汞污染管壁，阻碍了汞柱的灵敏升降。

如果出现灵敏度低的情况，须将血压计测量管拆卸下来清洗，拆洗方法：将血压计置于大盘内，提取空气过滤器，取出玻璃管，将汞全部倒于容器中。此时用脱脂棉花、酒精清洗玻璃管，直到管清洁为止。对浮于水银表面上的氧化汞，用脱脂棉花去排除，或用医用纱布过滤，使之清洁。对汞瓶用气球反复多次加压，吹除瓶中的氧化汞。对空气过滤器

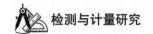

的麂皮做清洁处理，如达不到透气良好的要求，可更换一张。

（3）汞不回原位

在使用中会遇到一种情况，空气过滤器透气性良好，玻璃管清洁，汞的升降不灵敏，无压力时汞柱不回零位，即使再吸出一些汞后，故障依然如故。这种现象的产生主要是汞瓶上盖的透气性不良造成的。这时用针从上盖孔插入穿几个小孔，故障就解决了。

（4）汞柱隔断和翻泡

使用中加压时，血压计汞柱出现隔断或严重的翻泡现象，这是汞瓶中的汞过少所造成的。一般在不加压的情况下，汞调到零位就行了。另一种情况是一切都完好，仍有翻泡和隔断现象，这主要是玻璃管上的零刻线与端面距离有长短之分，短距离一端造成零点偏低，汞瓶中贮汞偏少，此时将玻璃管倒过来安装，零位增高，贮汞量增加就行了。另一种翻泡现象比因汞少引起的翻泡轻缓得多，这是因为汞瓶封口处上端有空隙引起的，可换一只贮汞瓶。

（5）漏气

血压计漏气造成示值不稳定。引起漏气的原因：橡胶管老化产生裂缝；气阀圆锥面不契合；气阀内小胶管开缝处有脏物，致使密封差。处理的方法：更换橡胶球；设法提高圆锥接触面的光洁度，使密合性更好；可先做缝道处的清洁工作，如仍不见效，另换一根橡胶管。

（三）液体压力计的计量单位

（三）液体压力计的计量单位

液体压力计一般要求标注国际单位制压力单位 Pa，有时使用 mmHg 和 mmH$_2$O 为计量单位。

无论使用哪一种压力计量单位都是由 ρgh 这 3 个物理量给出压力值（准确度要求较高时还要引入环境温度、环境大气压等参数）。当使用的压力计量单位确定后，ρgh 的长度、质量、时间计量单位便基本确定。

以 Pa 标注的液体压力计必须使用规定的工作介质，在规定的环境温度下使用，否则必须对工作介质密度变化带来的误差进行修正。当使用地重力加速度偏离标准重力加速度较大，必须对其误差进行修正。

采用长度 mm 刻度标尺或 mmH$_2$O 或 mmHg 刻度标尺的，使用时，需要根据环境温度下工作介质的密度，使用地重力加速度和从标尺上读得的液柱高度值来计算实际压力值，参数均换算成以国际单位制单位为计量单位的数值，代入压力计算式中便得到以 Pa 为单位的压力值。如果使用地重力加速度偏离标准重力加速度较小，使用时工作介质密度符合出厂标定时的密度，可以直接查单位换算表，根据 mmH$_2$O 或 mmHg 读数值换算成以 Pa 为单位的压力值。

（四）液体压力计的检定

一般采用比较法对液体压力计进行检定，标准器一般选用补偿式微压计、数字压力计或气体活塞式压力计等。检定血压计可选用台式精密血压表。用三通管将标准器和被检液体压力计连接到同一台压力泵（加压调压器）上。在大气压状态下，检查标准器和被检仪器的零位。用压力泵造压，通过气体工作介质同时给标准器和被检压力计输入相同的压力，用压力泵和微调器均匀增压至检定点压力值。

工作用液体压力计的检定项目有外观检查、密封性检定、示值检定、零位变动量检定。

（五）引起测量误差的因素

虽然液体压力计使用起来不如数字压力计方便，但对于一些压力测量受到质疑时，使用液体压力计所测示值应该是可信的，不过必须根据使用环境下工作介质密度对液体力计示值进行修正，否则液体压力计带来的示值误差是相当大的。

1. 温度变化引起的误差

温度变化将引起标尺长度和工作介质的密度值发生变化，从而引起误差。其中主要是工作介质密度变化引起的误差。

压力单位改制后（改用国际单位制）的新仪器，一般按工作介质在标准大气压下 20 ℃时密度值（水柱取 998.20 kg/m^3，汞柱取 13545.9 kg/m^3）标定，使用中若偏离规定的温度范围，须对温度变化后的测量结果进行修正。

2. 安装位置不同引起的误差

液体压力计使用时，应保持仪器的垂直位置，如 U 形管压力计、台式血压计的测压管应处于垂直位置，补偿式微压计的水平泡应处于中心位置，否则，测压管倾斜将引起液柱高度的变化带来测量误差。但这是一个系统误差，它等于零点时的液面差。

3. 仪器使用地重力加速度引起的误差

液体压力计生产时，刻度值如果按标准重力加速度 9.80665m/s^2 计算，使用时当地重力加速度偏离标准重力加速度将引起测量误差。可按当地重力加速度计算后进行修正。

4. 毛细现象

工作液体在管内的毛细现象将使液柱产生附加的升高或降低。其大小取决于工作液体

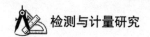

的种类、温度和测量管内径等因素。因此，希望测量管的内径不小于 10 mm，用水做工作液体时，其误差不大于 1 mm。此误差不随液柱高度而改变，是可以修正的系统误差。

5. 零位误差

零位误差包含零点对准误差和零点回复误差。零点对准误差是仪器在使用（或检定）前，调整好零点液面后用加压（或负压）方法，使工作液体在管内升降，然后去掉压力（或负压），读出液面偏离零点的差值。零点回复误差是升压和降压检定零点示值的差值。

产生零位误差的主要原因：由于工作过程中，工作液体受温度波动和垂直温差的影响使液体零点发生变化；工作液体在管内的毛细现象引起零点发生变化；由于液面波动造成读数不准的误差；由于测量管内壁不光滑或脏污及工作液体不纯等造成的误差。这些误差的存在，只有从仪器设计、保持良好的环境条件和加强仪器的维护管理等方面去解决。

6. 读数误差

由于液体的毛细现象，使液体在管内呈弯月面形状。对于水和乙醇等浸润性液体，弯月面呈凹形，对于汞等非浸润性液体则弯月面呈凸形。

（六）液体压力计的使用和维护注意事项

液体压力计的安装和放置，若仪器上有铅垂线，应对好铅锤位置；若有水平泡的，调好仪器的水平位置。墙挂式液体压力计应垂直悬挂，台式仪器应用水平调整装置使仪器处于水平位置。使用或检定过程中，不能有影响示值读数的震动。

液体压力计的工作介质应符合有关检定规程或生产厂的要求。常用的工作液体有蒸馏水、纯净的汞、酒精、油。

1. 工作液体的灌装

工作液体应通过下接嘴，缓慢地从下往上灌装，可减少工作液体中残留气泡，避免工作液体挂壁；工作液体灌装的数量应使其液面正好对准标尺零位；对水银气压计，应在真空系统下，先将管抽成 0.1 Pa 以下的真空后再加以灌注，同时还要轻敲内管，排除气泡。

向压力计中灌注工作介质后，应排除介质内积存的空气。排气方法：缓慢加压使液柱升高，当液柱升高到测量上限 50% 时可加快加压速度，接近测量上限时缓慢加压至测量上限，再泄压，如此反复几次即可排除气体。灌装工作介质时要谨慎小心，加减压力要缓慢，防止工作液体被冲出来，或出现压力过大，玻璃受冲击而破碎。

2. 密封性检查

将工作用液体压力计填充好规定的工作液体，用四通接头和胶皮管将其两端与压力发生器和压力表（计）连接好，确保连接部位和胶皮管、压力发生器密封良好（无泄漏）。

然后加压到液体压力计最大工作压力的 1.2 倍，关闭阀门，保持 10 min，观察后 5 min 的压力表（计）示值，若后 5 min 的示值不变，则密封性符合要求。

调整液柱的零点示值，向压力计灌注工作液时，应使液面略高于零点刻线。排除空气后再进行零点调整。被测压力不能超过仪表测量上限，防止因测量对象突然增压或操作失误引起增压而冲走工作液体。对用汞做工作介质的压力计，禁止用手直接接触汞，禁止用口向仪器内吹气或吸气。汞应贮藏于密闭的容器内，表面不能暴露于空气中，常在汞面上加些水，可避免汞的蒸发。

3. 压力计的日常维护

经常检查连接部件及管线的密封性，清洗和更换老化的测压管线；通大气端的测量管口不能堵塞；定期检查垂直位置、水平位置、零位、保证压力计的准确性。液体压力计应定期清洗，保持测量管及刻度标尺的清洁，定期更换工作液体，定期检定。

三、活塞式压力计

活塞式压力计是直接按照压力的定义公式 $p = F/A$，由活塞及砝码受到的重力和活塞面积来复现出压力值的。它所覆盖压力范围从微压直到 2500 MPa。活塞压力计有测量准确度高、长期稳定性好、结构简单、使用方便等优点；不足之处是测压时要加减砝码，且受到活塞杆及承重托盘质量限制，使压力测量点不能从零点开始连续测量压力值。活塞压力计在压力计量技术中占有很重要的地位，广泛用作计量标准器，用于检定数字压力计、弹簧管式精密压力表等准确度等级更低的计量器具。

（一）工作原理

活塞压力计是以流体静力学平衡原理及帕斯卡定律为基础测量压力的，即作用在活塞有效面积上的流体压力与其所负荷的重力相平衡的原理进行压力测量的计量器具。

压力定义公式为：

$$p = \frac{F}{A}$$

式（6－2）

式中，p——被测压力值，Pa；

F——活塞及所加砝码在重力场中产生的垂直向下的力，N；

A——活塞的有效面积。m^2。

如图 6-1 所示，被测压力 p 作用于活塞筒内的活塞上时，就有一个与该压力成正比的力 F_p 作用在活塞上，此力的方向垂直向上，当活塞被托起至工作位置并处于旋转状态时，

力 F_p 与砝码及活塞杆受到的重力相平衡。被测压力 P 可由砝码及活塞产生的重力和活塞有效面积计算出来。活塞式压力计的准确度主要取决于活塞有效面积的准确度和专用砝码及活塞杆重力的准确度。

被测压力 P 与砝码的重力成正比，与活塞有效面积成反比。根据这一原理，改变活塞有效面积和专用砝码的质量可制造出不同测量范围的一系列活塞压力计。专用砝码必须与活塞压力计配套使用，不能互换。

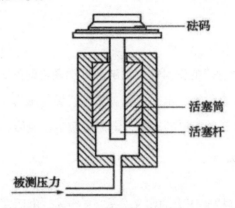

图 6-1　活塞压力计原理图

活塞式压力计一般由活塞系统、专用砝码和校验器组成。活塞系统是由活塞杆、活塞筒组成的测压部件。专用砝码是活塞式压力计配套的砝码。专用砝码上标有活塞式压力计的出厂编号，与活塞式压力计配套使用。各个砝码的凸凹面能正确配合，并能保持同心，可叠加放在活塞承重盘上。活塞可在活塞筒内垂直地自由转动，被测压力通过工作介质作用在活塞底面产生的力和加于活塞上端的砝码重力相平衡。活塞底端的流体（工作介质）可为气体或液体，活塞压力计可用来测量气体压力或液体压力。校验器是用以安装标准活塞系统、被检仪器（被检活塞或被检压力表）并有造压功能的底座，它由压力泵、油杯、润和连接管等组成。校验器必须具有良好的密封性。对不同测量范围的校验器，有不同的耐压要求。

活塞压力计专用砝码上面标注有对应的压力值（MPa）。活塞杆、承重盘（或承重套筒）及其连接件的质量决定了该活塞压力计的测量范围下限压力值（使用起始值），其对应的压力值（MPa）一般标注在承重盘上。活塞压力计产生的压力是加放的所有砝码标称压力值和承重盘标称压力值的总和。

（二）活塞压力计的分类

活塞式压力计按照结构大致可分为简单活塞压力计、反压型活塞压力计、可控间隙活塞压力计等；按照工作介质不同可分为液体介质活塞式压力计（油介质活塞压力计）和气体介质活塞式压力计；按被测压力有测绝对压力的活塞压力计、测正表压的活塞压力计和测负表压的活塞压力计。

常用的活塞压力计准确度等级有 0.005 级、0.01 级、0.02 级、0.05 级。

1. 油介质活塞压力计

油介质活塞的测压介质和润滑液体均为油，适合作为中、高压标准器，被广泛应用。油介质活塞压力计可覆盖几十千帕直到 2500 MPa 的压力，油作为传压介质同时也起润滑活塞系统的作用，通常油介质活塞压力计的压力校验器集成有压力发生和调节装置，使用起来非常方便。由于在低压测量时，受到液柱差的影响，限制了油介质活塞在低压下的应用。

2. 气润滑气介质活塞压力计

气润滑气介质活塞的测压介质为气体，活塞间隙内的润滑流体为测压气体。其优点是，由于气体的黏度很小，所以活塞的灵敏度很高，非常适合低压测量；缺点是对测压气体和被检仪表的洁净度和湿度要求很严格。要求使用洁净气体，禁止杂质和液体进入活塞系统，否则将影响活塞压力计的分辨力，损坏活塞系统。做高压测量不易稳定，一般量程不高于 7 MPa。

3. 油润滑气介质活塞

油润滑气介质活塞压力计的测压介质为气体，活塞间隙内的润滑流体为液体，由于活塞间隙用油密封而变得非常稳定，气压测量时达 100 MPa。

一个可视液面的油杯底部和活塞筒相连，被测压力 p_g，同时作用在活塞底部和油杯液面上，活塞间隙中的液体压力 $p_i = p_g + \rho gh$，这个压力总是比测量压力高出一个液柱差。由于压差不大且活塞间隙很小，进入系统的液体很少，并且可分离到收集器，定期排除由于采用液体润滑，活塞间隙被液体密封而不易泄漏，且不受检定介质质量的影响，因此，可做高压禁油压力仪表的检定，最高压力可达 100 MPa。

（三）活塞压力计的性能

优质的活塞系统具有较长的活塞转动延续时间和较慢的下降速度，这样的活塞系统灵敏度高，输出压力值很稳定，活塞系统在工作时磨损小，活塞有效面积能保持长期稳定。这需要制造商在以下方面做工作：活塞加工质量和活塞系统材料选取；活塞杆活塞筒之间适当的间隙；活塞杆、承重盘及砝码等旋转部分具有较大的转动惯量；降低旋转部分的重心；润滑液体的选择。

1. 活塞的旋转

旋转的活塞及砝码具有转动惯量而保持垂直取向，使活塞处于活塞筒的中央，在活塞

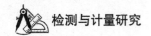

间隙中产生一个均匀的润滑膜，从而减小活塞和活塞筒之间的摩擦力，活塞杆活塞筒之间适当的间隙，选取合适的转动速度可使摩擦阻力最小，提高活塞灵敏度，延长转动延续时间。

2. 旋转部分的重心

为了使活塞处于活塞筒中央，一些活塞压力计的砝码承重盘设计为筒状，使砝码重心相对活塞尽可能低，这样可保持活塞垂直并能在活塞筒中平稳转动。

3. 润滑流体（工作介质）

润滑流体的选择也影响活塞的平衡质量，黏度大的流体，在通过活塞间隙时，增大活塞转动摩擦阻力；黏度小的流体在通过活塞间隙时，泄漏过快，使活塞下降速度过快，活塞难以稳定。对于特定活塞，应该选择检定规程规定的或厂家推荐的润滑流体。

活塞杆与活塞筒之间的间隙越小，受到的摩擦阻力越大。但是活塞压力计还有一个重要指标就是"活塞下降速度"，活塞间隙越大，下降速度就越快。所以活塞间隙不能太大，也不能太小。在生产活塞时，应根据使用的润滑流体，选择适当的活塞间隙。

4. 自动压力控制功能

在一个系统内设定一个稳定的压力后，由于系统的泄漏或温度变化等，稳住压力是不容易的。活塞压力计具有自动控制压力的能力，一旦压力被设定，由于活塞在上、下限之间运动，自动调节系统容积，保持压力恒定。只要压力校验器加压，使活塞升到工作位置，在活塞浮动期间，系统自动调节，保持压力不变。

（四）仪器的正确安装与使用

活塞压力计应安装在便于操作、牢固且无震动的工作台上。使用液体介质活塞压力计时，将液体介质注入仪器内腔，把活塞筒安装在压力计校验器上，用校验器造压将工作介质压入连接导管及活塞筒内，直到工作介质从活塞筒溢出且无气泡排出时，将表面粘满工作介质的活塞杆放入活塞筒内。安装完毕后，用水平仪进行调整，使承重盘平面处于水平位置，这样也就使活塞杆处于垂直状态。注入清洁的工作介质。在传压管路中，若传压介质为油，则不允许有空气存在，若传压介质是气体，就不允许有油或其他液体存在。必须注意排气或排油。必须使用设备使用说明书或检定规程规定的工作介质。使用液体介质活塞压力计时，将液体介质注入仪器内腔，在承重盘上放置一定数量的专用砝码，用校准器上的压力泵造压，使活塞升至工作位置指示线，同时应使砝码及活塞按顺时针方向以（30～60）r/min的角速度旋转，这样使其尽可能减小活塞与活塞筒之间的静摩擦。活塞工作位置的高低，可能影响活塞转动延续时间、下降速度和活塞有效面积，引入测量不确定度。用电机带动活塞转动的活塞压力计，应缓慢调节旋转速度，由慢到快，转动速度不宜太快。在活塞上加、减专用砝码必须轻拿轻放。先让活塞停止转动后再加放砝码，要放平稳，轴线对中。若砝码偏心，转动时会发生摆动（晃动）现象，不仅引起测量误差，而且加快活塞系统的磨损。测量上限大于 25 MPa（包括 25 MPa）的活塞压力计，专用砝码按编号顺序加载。

如果用手转动砝码，应用双手在砝码左右两边同时转动砝码，对砝码及活塞施加一个力矩，减小活塞受到的径向力，防止砝码被推倒。

0.05 级活塞压力计的专用砝码上面标注有对应的压力值（MPa），活塞杆、承重盘（或承重套筒）及其连接件对应的压力值（MPa）一般标注在承重盘上，是该活塞压力计的标称范围的下限压力值（起始压力），压力计产生的压力是加放的所有砝码标称压力值和承重盘标称压力值的总和。

0.02 级及以上活塞压力计一般还配有标注质量（kg）的专用砝码，用于检定准确度更低的活塞压力计的活塞有效面积。使用标注质量的专用砝码（千克砝码）来测量压力或检定数字压力计，要根据所需压力值，由活塞有效面积、重力加速度等参数计算出所需砝码质量，再配置加放相应质量的砝码。

活塞压力计使用时，应注意缓慢升压和降压，如果急速加减压力，不仅冲击活塞，而且有危险，特别是在活塞有负荷条件下，不能开启卸压阀（油杯阀）来降压。

若改变使用地点后，专用砝码的质量要按使用地重力加速度和空气浮力进行修正，专用砝码必须与活塞压力计配套使用不能互换，要在规定的环境温度和湿度条件下使用活塞压力计，偏离规定环境条件时应对由此带来的误差进行修正。

使用气体介质活塞压力计时要防止被检压力表内的油、水等液体或固体颗粒、污物进入活塞系统。气源要使用洁净、干燥的氮气或空气。

使用压力计时必须仔细，若发现有异常情况应立即停止工作。待查明并排除故障后，方可重新工作。

带数字显示器的活塞压力计内部安装有压力传感器，使用时要特别注意不可过载，以免损坏压力传感器。

压力计不使用时，应用防尘罩罩好，特别是气体介质活塞压力计，要防止灰尘或异物进入活塞压力计。

液体介质活塞压力计要定期更换工作介质，必须使用规定的工作介质。活塞系统要定期用航空汽油（或溶剂汽油）清洗，清洗完毕待汽油完全挥发后，注入清洁的工作介质，再安装好活塞系统，并对活塞转动延续时间、下降速度进行检测，若不满足规程要求，应停止使用，进行检查修理活塞压力计及配套使用的其他设备，必须定期检定以保证其测量准

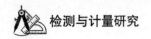

确度。

活塞式压力计必须标明标称范围和测量范围。标称范围：测量仪器的操纵器件调到特定位置时可得到的示值范围（标称范围通常用它的上限和下限表明）。可以看出，简单活塞式压力计有起始压力，那么从起始压力到压力范围上限可以称为标称范围。

测量范围：工作范围，测量仪器的误差处在规定极限内的一组被测量的值（变量的最大值与最小值的差额，称为变量的取值范围）。而简单活塞式压力计的测量范围可以解释为能满足要求的压力范围。测量范围下限无法确定的，按测量范围上限的 10% 计算。

（五）活塞压力计的检定

1. 检定用主标准器的选择

0.005 级的活塞式压力计由国家压力基准传递；其他等级的活塞式压力计检定，可选用有效面积的最大允许误差小于被检活塞压力计有效面积的最大允许误差 1/2 的活塞式压力计。对于量程选择，一般选用相同测量上限的活塞式压力计检定，量程大于 60 MPa 的活塞式压力计可按规程选用测量上限不同的活塞式压力计为标准器。

2. 活塞式压力计的检定项目

通用技术要求：外观、活塞系统、专用砝码和承重盘。计量性能要求：垂直度、活塞转动延续时间、下降速度、活塞有效面积、专用砝码质量、鉴别力、密封性、活塞有效面积周期变化率。

3. 垂直度的检定

将活塞升至工作位置，把水平仪放在活塞式压力计承重盘（顶部）的中心处，调节校验器上螺钉，使水平仪气泡处于中间位置；然后把水平仪转动 90°（承重盘不动），用同样方法调整，使气泡处于中间位置。这样反复进行调整，直至水平仪放在这两个位置上时，气泡均处于中间位置。然后再将水平仪分别放在 0° 和 90° 位置上（0° 为第一次放置的任意位置），在每一个位置均将承重盘转动 90° 和 180°，读取水平仪气泡对中间位置的偏离值。

4. 活塞转动延续时间的检定

按测量范围下限（测量范围下限无法确定的按测量范围上限的 10% 计算）的负荷压力，用校验器造压，使活塞处于工作位置，并以（20±1）r/10 s 的角速度按顺时针方向转动。活塞自开始转动至完全停止的时间间隔为活塞转动延续时间。

5. 活塞下降速度的检定

按规定的负荷压力，先排除校验器内空气，用校验器造压使活塞处于工作位置，关闭通向活塞的阀门，在专用砝码中心处放置百分表（或千分表），然后以（30～60）r/min 的角速度使活塞顺时针方向自由转动，保持 3 min 后，再观察百分表（或千分表）指针移动距离，同时用秒表测量时间，每次测量时间不少于 1 min，记录 1 min 的活塞下降的距离。

6. 活塞有效面积的检定

采用直接平衡法或起始平衡法，将标准活塞和被检活塞安装在同一台校验器上，打开各阀门使两活塞系统连通，在每个检定点使两活塞系统处于压力平衡状态，将被检活塞的标准活塞进行面积比较检定。使用直接平衡法，是对于标准与被检活塞的材质、温度 / 压力形变系数差距较大，为避免由于压力点不同，或者温度变化对于起始平衡点的影响。对于检定 0.05 级活塞压力计，一般采用起始平衡法。

起始平衡法的内容是：首先确定起始平衡点，起始平衡点斥力值一般为活塞式压力计测量上限的 10%～20%。在标准活塞与被检活塞加放相应数量的砝码，用校验器加压使标准与被检活塞浮起到工作位置。在检定过程中，两压力计的活塞均保持各自的工作位置，以（30～60）r/min 的旋转速度使两活塞按顺时针方向转动，若两活塞不平衡，则在上升活塞上加放相应的小砝码，直至两活塞平衡为止。起始平衡后，上面所加的所有砝码作为起始平衡质量，必须保持不变。

起始平衡后，用校验器加压至第一个检定点压力值，在两活塞上加放相应数量的砝码，使标准与被检活塞处于工作位置并自由旋转，若两活塞不平衡，则在上升活塞上加放相应的小砝码，直至两活塞平衡为止。确定两活塞平衡后，记录当前压力值、活塞温度、两活塞上加放的砝码质量等信息，完成一个检定点的测试。然后以同样的方法，基本均匀地升压、降压进行其他检定点的测试。在每一检定点进行升压降压检定时，各读取一次数值。

7. 专用砝码、活塞及其连接件质量的检定

活塞式压力计专用砝码、活塞及其连接件的质量可按标称值配制。先按其活塞有效面积平均值、使用地重力加速度、空气浮力等参数计算出对应标称压力值的砝码质量理论值。

四、数字压力计

（一）主要特点

数字压力计是采用数字显示被测压力量值的压力计，可用于测量表压、差压和绝压。

最初的数字压力计，只是传感器及其激励、放大电路与编码器的组合。随着集成电路技术的发展，单片机 A/D、高性能运算放大器的应用使数字压力计的信号处理、转换电路的技术性能得到明显提高。单片机的问世，使数字压力计非线性修正、温度补偿等问题都

迎刃而解。通过对零点、满度及其温度漂移的补偿和非线性修正使整机的性能优于作为敏感元件的传感器本身的性能。随着数字技术的飞速发展，诸多先进的技术融入数字压力计，数字压力计的功能也大大增强，出现了"智能数字压力计"，具备了数据运算和处理、记忆、存储、传输、通信、联网、报警、控制、自动调压、自动校零、校准、补偿、修正、设置、单位换算等多种功能。有的数字压力计还集成了电流测量、电压测量和 24 V 直流电源等电测功能和便携式压力泵，融压力标准器、电测仪表和压力校验器为一体，便于在线检测压力表、压力变送器、压力开关等压力计量器具。

数字压力计读数确切、快速、分辨率高、准确度较高，可以远端显示，即显示地与测压点之间可有一定的距离，以传输电压或电流信号来进行显示。可以方便地变换被测压力的单位，从 MPa、kPa、Pa 变换到 mmHg、mmH$_2$O、psi、bar 等。

数字压力计还辅以记录、存取测量数据并通过接口传输与上位机或测控系统中的其他设备进行数据通信、控制、显示。

（二）数字压力计基本组成与工作原理

数字压力计形式多种多样，但工作原理大同小异，被测压力经传压介质作用于压力传感器上，压力传感器输出相应的电信号或数字信号，由信号处理单元处理后在显示器上直接显示出被测压力的量值。

1. 传感器

传感器完成压力量到电量的转换，这种转换遵循一定规律。不同传感器有不同的转换函数。传感器是整个数字压力计的主要组成部分，它的性能、品质、特性决定了数字压力计的质量。数字压力计的传感器主要有：压阻式、应变式、电容式、压电式、变磁阻式和谐振式等。

2. 信号转换电路

信号转换电路将传感器输出的电信号转换成 CPU 能识别、接受的数字信号。对于不同传感器，信号转换电路的差别很大。要获良好的测量效果，不但要选用性能优异的传感器，同时还必须选择优良、适用的转换电路，两者紧密配合可充分发挥传感器和转换电路的优势，使测量更准确，压阻式传感器的信号转换电路主要包括放大和 A/D 转换电路。

3.CPU

数字压力计中的 CPU 多采用单片机，内存中放置各种程序，包括控制程序、数据处理程序、字库等。

4. 人机界面

人机界面指操作按键、显示器、必要的连接。显示器是数字压力计体现其"数字"特色的窗口，数字位数少则四位，多则六位，其分辨率是模拟式压力计不能比拟的。随着技术的发展，显示器已由简单的 LED 数码管做单一被测压力值显示，发展到大显示屏多信息显示，如同时显示压力值和电流、电压值。现在的数字压力计功能全、显示信息多，且所有这些信息都可以存储、传输、联网，根据需要还可出报告、报表。

（三）数字压力计分类

按传感器工作原理，分为应变式、电容式、谐振式等。

按被测压力的性质，分为表压压力计、绝压压力计、真空度计、气压计、差压压力计。

按数字压力计的功能，有数字血压计、数字高度计、数字压力标准源、数字压力控制器等。

按准确度等级分类，有 0.01 级、0.02 级、0.05 级、0.1 级、0.2 级、0.5 级、1.0 级。

按结构形式，有台式数字压力计、便携式数字压力计、手持式、安装式、面板式、带压力源的数字压力计、组合式与综合试验台、自动调压式数字压力综合试验（或校验）台。

按被测介质，有气体数字压力计、液体数字压力计。

按压力传感的位置和与被测压力的连接方式，可分为：传感器内置、压力直接引入方式，这类数字压力计的传感器安装在仪表的内部，被测压力直接接到仪表的输入接口上；传感器外置、以模块形式与被测压力连接方式，这类数字压力计的传感器安装于一个具有标准螺纹（如 M20×1.5）压力接口的金属或非金属壳体内构成一个模块，通过电缆或导线与数字压力计相连接。

（四）影响数字压力计测量误差的主要因素

影响数字压力计测量误差的因素随选用的压力传感器不同而有差别，在各种因素中温度的影响是最大的，几乎对所有传感器都会造成误差。数字压力计中最常用的压阻式、振筒式和压电式等传感器对温度尤为敏感。此外，转换电路也受温度影响。

除了温度这一主要因素外，仍是传感器固有的不足，即重复性、复现性相对较差，表现为经过调整、补偿、修正后，数字压力计经过一段时间使用后，其特性发生变化，如零点、迟滞、重复性、非线性、灵敏度等项中的某一项或几项发生变化。

数字压力计是一种电子仪器，可能受到各种电磁干扰，这是其他压力计，如活塞压力计、液体压压力计、弹性元件式压力表不会受到的干扰。数字压力计也必须处理有关电磁干扰的问题。对于可充电的数字压力计，尽量充满电后，用电池供电使用，避免电源适配器供电时出现电磁干扰。对于电池供电的便携式、手持式数字压力计，当电池电压偏低或过高时，也可能带来额外的误差。为保持数字压力计良好的工作状态，应保持电池有足够的电量。

当使用液体作为传压介质时，与其他压力计一样，要考虑液柱高度差带来的测量误差。

（五）数字压力计的检定

采用比较法对数字压力计进行检定，标准器选用更高等级，相应测量范围的活塞式压力计或数字压力计、补偿式微压计等。将数字压力计的压力输入口连接到标准活塞式压力计的压力校验器上，或将被检数字压力计和标准器安装到同一台压力泵上。在大气压状态下，检查标准器和被检仪表的零位。用压力泵造压，通过液体或气体工作介质，同时给标准器和被检压力计输入相同的压力，用压力泵微调器均匀增压至检定点压力值，根据帕斯卡定律，系统压力稳定后，标准器所受压力 P_s 与被检压力计所受压力 P_R 相平衡，即可计算得到被检压力计的示值误差。

数字压力计的检定项目有外观、绝缘电阻、零位漂移、示值误差、回程误差，差压数字压力计还要检定"静压零位误差"，0.05 级及以上数字压力计还要检定"稳定性"。

五、压力变送器

（一）压力变送器工作原理及分类

压力变送器是一种将压力变量转换为可传送的标准化输出信号的仪表，而且其输出信号与压力变量之间有一个给定的连续函数关系（通常为线性函数）。电信号输出到二次仪表指示出压力值，电信号输出到控制系统可控制被测压力。压力变送器主要用于工业过程压力参数的测量和控制，差压变送器常用于流量的测量。

压力变送器通常由两部分组成：感压单元、信号处理和转换单元。有些变送器增加了显示单元，有些还具有现场总线功能。

随着计算机技术、通信技术、集成电路技术、现场总线技术的迅猛发展，智能式变送器应运而生。变送器的输出（传输）方式由单一的标准信号向现场总线方向发展，适应数字接收和控制，从应用领域而言，变送器从过程测量用仪表向流量贸易结算用仪表延伸（如流量测量）。基于现场总线技术的智能式现场仪表具有数字化、智能化、小型化等特点，能够满足目前 DCS 和现场总线系统等自动化控制系统高精度、数字通信、自诊断等要求。

目前，现场总线标准正在完善和发展阶段，另一方面传统的基于（4～20）mA 的模拟设备还在广泛应用于各领域。为满足从模拟到全数字化的过渡，HART 协议应运而生。HART 协议即高速可寻址远程变送协议，是一种工业标准。它定义了智能现场设备和使用传统的（4～20）mA 连线的控制系统之间的通信协议。采用频移键控（FSK）技术，在（4～20）mA 模拟信号上叠加频率信号来传送数字信号。信息是通过高频 2.2 kHz（为1）和低频 1.2 kHz（为0）信号载波在（4～20）mA 连线上进行通信的。

具有 HART 协议的仪器，必须是以数字技术为基础，以微处理器作为支撑的智能型仪器。这种仪器通用性强，使用方便灵活，具有各种补偿功能（非线性补偿、温度补偿）及控制、通信、自诊断功能，能提供更好的准确度、长期稳定性和可靠性。

一般变送器的调整只涉及零点值和满度值，输入与输出之间的关系通常为线性。HART 变送器具有微处理器，能对输入的数据进行运算和操作，可以方便地变换输入和输出之间的函数关系；灵活地进行零点设置和满量程设置。HART 变送器分为三部分：输入部分、变换部分、输出部分。每个部分都可以单独进行测试和调节。

（二）压力变送器的检定

1. 对标准器（装置）的技术要求

成套后的标准器在检定时引入的扩展不确定度 U_{95} 应不超过被检压力变送器最大允许误差绝对值的 1/4。检定 0.1 级、0.05 级变送器的标准器装置，U_{95} 应不超过被检压力变送器最大允许误差绝对值的 1/3。

2. 压力变送器检定项目

基本误差（测量误差）、回程误差、外观、密封性、绝缘电阻、绝缘强度、静压影响。

（1）密封性

压力变送器的测量部分在承受测量压力上限时（差压变送器为额定工作压力），不得有泄漏现象。

（2）绝缘电阻

在规程规定的环境条件下，变送器各组端子（包括外壳）之间的绝缘电阻应不小于 20 MΩ。二线制的变送器只进行输出端子和外壳之间的试验。电容式变送器，应使用输出电压为 100 V 的绝缘电阻表。

绝缘电阻的测量方法：断开变送器电源，将电源端子和输出端子分别短接。用绝缘电阻表分别测量电源端子与接地端子（外壳），电源端子与输出端子、输出端子与接地端子（外壳）之间的绝缘电阻。测量时应稳定 5 s 再读数。

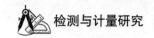

（3）绝缘强度

在规程规定的环境条件下，变送器各组端子（包括外壳）之间施加频率 50 Hz 的试验电压，历时 1 min 应无击穿和飞弧现象——二线制的变送器只进行输出端子和外壳之间的试验。制造厂有特殊规定的，可不进行该项试验。

绝缘强度的测量方法：断开变送器电源，将电源端子和输出端子分别短接。在耐压试验仪上分别测量电源端子与接地端子（外壳），电源端子与输出端子、输出端子与接地端子（外壳）之间的绝缘强度，测量时试验电压值。开始增加，缓慢均匀地升压到规定值（偏差不大于 10%）保持 1 min，平滑地降低电压至 0，然后切断试验电源。为保护变送器试验时不被击穿，可使用具有报警电流设定的耐压试验仪，设定值一般为 10 mA。以是否报警作为判断绝缘强度是否合格的依据。

（4）测域误差的检定

为了使检定设备和变送器达到热平衡，必须在检定条件下放置 2 h；低于 0.5 级的变送器可缩短时间，一般为 1 h。电动变送器一般通电预热 15 min。

将被检压力变送器的压力输入口连接到活塞式压力计的压力输出口，或用数字压力计（校验仪）作为标准器，将数字压力计和压力变送器安装在同一台压力校验器（压力泵）上。用校验器造压至检定点压力，待压力稳定后，用标准电流表或数字压力校验仪电流测量功能测量压力变送器输出的电流值。

（三）检定压力变送器注意事项

测量微小压力的变送器测量结果受摆放（安装）状态的影响较大。变送器检定时的摆放状态应与使用时的安装状态相同，通常情况下应竖直摆放。检定后再安装的，安装后需要重新检查零位，必要时进行零位迁移。

在检定差压变送器时，低压端（L）通大气，在高压端口（H）输入标准压力。或将高、低压接口分别连接到标准高静压差压式活塞压力计的高、低压接口。

工作介质的选择：测量上限值不大于 0.25 MPa 的变送器，一般选用清洁干燥的气体做压力介质。

传压介质为液体时，介质应考虑制造厂推荐的液体，并使变送器取压口的参考平面与标准器取压口的参考平面在同一水平面上。否则，应考虑对其误差进行修正。

对输入量程可调的变送器的首次检定，应将输入量程调到规定的最大、最小分别进行检定；后续检定只须进行常用量程的检定。

在检定过程中不允许调整变送器零点和量程，不允许轻敲和振动变送器，在接近检定点时输入压力要足够慢，避免过冲现象。

在操作时要注意设备安全和人身安全。压力标准器和被检压力变送器在加压时不能过载。单向差压变送器，低压端口（L）的压力不能高于高压端口（H）的压力。在高压状态下，禁止拆卸压力部件。卸压时要旋转压力泵的微调手轮（或旋钮）后再打开卸压阀门。使用活塞压力计时，要等待活塞完全落下后再开卸压阀。

使用电测仪器仪表时，操作时注意不能让电源或仪器电压输出端短路。检定完最后一个检定点后，先关闭电测仪器仪表和压力变送器的电压。二线制压力变送器的电源一般是24 VDC，禁止在未经确认就连接 220 VAC 电源。压力变送器的直流电源端、信号端子均有正负之分，不能接反。进行绝缘电阻和绝缘强度检定时，务必按规程规范操作，连接之前要确认各端子的功能。

第六节　常见医疗计量技术

一、呼吸机校准

（一）呼吸机简介

呼吸机是一种能代替、控制或改变人的正常生理呼吸，增加肺通气量，改善呼吸功能，减轻呼吸功消耗，节约心脏储备能力的装置。

呼吸支持是挽救急、危重患者生命关键的手段之一，因而，呼吸机在临床救治中已成为不可缺少的器械，它在急救、麻醉、ICU 和呼吸治疗领域中正越来越广泛地应用。

呼吸机必须具备四个基本功能，即向肺充气、吸气，向呼气转换，排出肺泡气以及呼气向吸气转换，依次循环往复。因此，呼吸机必须有：①能提供输送气体的动力，代替人体呼吸肌的工作；②能产生一定的呼吸节律，包括呼吸频率和吸呼比，以代替人体呼吸中枢神经支配呼吸节律的功能；③能提供合适的潮气量（VT）或分钟通气量（MV），以满足呼吸代谢的需要；④供给的气体最好经过加温和湿化，代替人体鼻腔功能，并能供给高于大气中所含的氧气量，以提高吸入氧气浓度，改善氧合。

根据临床需求，呼吸机设置了不同的呼吸模式，根据对病人控制、辅助或支持通气的程度，其通气模式分为以下四种：①控制型，如容量控制通气（VCV）、压力控制通气（PCV）模式；②辅助 / 控制型，如持续控制通气（CMV）、辅助 – 控制通气（A/C）、间歇正压

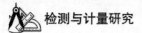

通气（1PPV）模式；③半自主型，如同步间歇指令通气（SIMV）模式；④自主型；如持续正压（CPAP）、压力支持（PSV）通气模式。一般情况，辅助 – 控制型在无病人触发通气、半自主型在无病人自主呼吸时，均表现为控制型通气模式。

（二）呼吸机分类

呼吸机按用途可以分为六类：第一类，急救呼吸机：专用于现场急救。第二类，治疗呼吸机：对呼吸功能不全患者进行长时间通气支持和呼吸治疗。第三类，麻醉呼吸机：专用于麻醉呼吸管理。第四类，小儿呼吸机：专用于小儿和新生儿通气支持和呼吸治疗。第五类，高频呼吸机：具备通气频率大于 60 次 /min 功能。第六类，无创呼吸机：经面罩或鼻罩完成通气支持。

二、心脏除颤监护仪校准

（一）心脏除颤监护仪简介

心脏除颤监护仪由心脏除颤器和心电监视仪组合而成。除颤器可以利用自身的储能装置，产生几千伏能量可控的瞬间高压电脉冲，通过除颤电极向患者释放来消除某些心律失常，使患者恢复正常窦性心律。心电监视仪可以通过除颤电极或心电监护电极提取监视患者的心电信号进行监护，因此是临床心脏急救常用的急救设备之一，可以治疗各种严重的心脏疾患，包括室颤或室性心动过速、房颤及心脏骤停等。

（二）心脏除颤监护仪分类

1. 按自动化程度划分

（1）手动除颤器

当患者出现可电击心律时，由操作者根据病人的情况选取能量值，然后实施除颤。手动除颤仅限于医院内经过高级救护培训的医务人员使用。随着室颤时间延长，除颤转复的存活率会迅速下降，所以尽早识别室颤和有效电除颤是提高患者存活率的关键。

（2）半自动体外除颤

可自动识别出电击心律、设定电击能量值并充电；充电完成后发出语音提示信号，由操作者按动放电钮放电。操作者无须判断心脏节律，也无须选择除颤能量值，可以减少从发病到实施除颤的时间。操作者可以是未经过高级救护训练的医务人员，如普通病房护士、急救车组人员（急救医疗技师）。

（3）全自动体外除颤

当检测到可电击心律时，仪器自动完成能量选择、充电及放电的过程，并分析系统判断除颤效果，自动确定是否进行下一次除颤。整个过程不需要操作者介入，主要应用于公共场合，如警察局、娱乐场所、航空港、民用航班、赛场及办公大楼等。

2. 按是否植入体内划分

（1）外部除颤器

将除颤电极放在体表胸部或胸背部，间接接触心脏进行除颤。目前，我国临床多采用200J、300J、360J递增的顺序进行，连续除颤不超过三次，如仍不成功，应及时采取心肺复苏等其他措施。

（2）体内除颤器

将体内除颤电极放置在胸内，直接接触心脏进行除颤。主要用于开胸手术中直接心肌电击，体内除颤能量选择较小：成人最大不超过50 J，儿童不超过20 J。

3. 心脏除颤监护仪计量标准的工作原理

除颤分析仪多采用嵌入式微处理器，利用微处理器实现对除颤脉冲的采集（采样间隔为50 μs或100 μs，采样次数为1000次，历时50 ms或100 ms），分析及放电波形的显示。

释放能量的测量：除颤器放电脉冲释放到分析仪的模拟负载（50 Ω）上，经衰减、校准、A/D转换后变成数字量，采用积分运算计算释放能量。

除颤同步时间的测量：除颤监护仪置同步模式，由除颤器测试仪输出标准心电信号至除颤监护仪，通过测试除颤监护仪放电脉冲峰与心电 R 波峰之间的时间差来检测除颤监护仪的同步模式。

除颤分析仪以数据表形式在其 ROM 中存储心电信号及其他测试信号，通过 D/A 转换输出，后经 I/V 转换、放大后变为 ECG 信号及所需的多种波形的模拟信号给除颤器，除颤仪通过精确定位 R 波，同步释放放电脉冲，触发除颤分析仪相关的微处理器定时中断程序完成测量。

（三）校准项目及校准方法

1. 外观及工作性检查

仪器附件是否齐全，外观有无影响其电气性能正常工作的机械损伤。

功能性检查：能量选择开关，应挡位正确，步跳清晰，接触良好；除颤电极应表面光洁，不得有毛刺或过多的腐蚀斑点；将除颤电极置于被校仪器的电极盒内，能量选择置于"test（测试）"位置或任一能量点，按下充电钮，此时应点亮充电指示灯，充电完成后，应有能量值指示，并伴有声音提示，按下放电钮，能量应可对机内负载放电。

2. 释放能量校准

操作规程：选择能量→充电→对除颤测试仪放电→读取测量值。

（1）能量点的选择

规范要求"测量应不少于六个能量点，其中至少包括最大能量点和最小能量点"。

从临床需要出发，一般选择 2 J、20 J、50 J、100 J、200 J 和 360 J 六个点校准。

（2）除颤器测试仪量程设置

一般设有高、低能量档选择开关：0 ~ 50 J、50 J 以上。

（3）释放能量的测量

将被校仪器的两个除颤电极对应放置在的除颤器测试仪的放电电极板上，充电，待充电完成后，立即放电，读取释放能量值。

3. 充电时间

确认被校仪器储能装置处于完全放电状态，将能量选择开关置最大能量点，充电同时开始计时，当被校仪器指示充电完成后，停止计时，读取充电时间值。

如采用除颤分析仪测量时，充电，同时按计时键，充电完成后立即对除颤分析仪放电。

4. 充电次数

确认被校仪器储能装置处于完全放电状态，在 1 min 内依次进行三个能量点的充电和对除颤器测试仪放电的循环操作，单相放电波形选择在 200 J，200 J 和 300 J 处，双相放电波形选择 150 J、150 J 和 200 J 处。

5. 能量损失率校准

除颤器高压电容充电后，如未立即放电，随着时间的推移，总会有一部分电流泄漏掉，造成能量的损失。

被校仪器充至最大能量后，立即对除颤器测试仪放电，测得 EI。间隔 1min 后，再次充至最大能量，在充电完成 30s 或任何自动的内部放电之前（两者选较短者），再次放电，测得 EL。二者比值即为能量损失率，其值应不小于 85%。

某些型号的除颤器在充电结束到自动内部放电期间有自动补偿能量功能。可能会出现 EL > EI，计算出的能量损失率大于 1，仍认为符合技术要求。

6. 内部放电

除颤器储能装置存储的能量不是通过除颤电极，而是通过除颤器内部电路释放的过程，三种情况下，除颤器存储的能量都应通过内部电路泄放掉：第一，置 100 J 处充电，充电完成后立即关闭工作电源开关。第二，100 J 处充电，充电完成后立即切断电源，等待 60 s 后，再次通电开机。第三，置 100 J 处充电，充电结束 120 s 后，对除颤器测试仪放电，此时应无能量显示。

7. 同步模式

除颤测试仪输出 80 次 / 分的窦性心律信号（或标准心率信号）至被校仪器，除颤监护仪置同步除颤模式（"SYNC"），除颤监护仪导联选择置"I"导联，此时，被校仪器应有清楚的同步指示灯或音响信号指示，显示屏上的心电波形每个 QRS 波或 R 波上应有同步标识。

被校仪器在 100J 处充电后，对测试仪放电；测试仪可检测从"R"波波峰至除颤器放电脉冲峰值间的时间间隔，即延迟时间，其值应不大于 30 ms。

8. 除颤后心电监护仪的恢复

由除颤器测试仪输出正弦波信号至被检除颤监护仪，被检除颤监护仪通过除颤器测试仪放电，观察监护波形由放电脉冲开始到恢复测试信号前后幅度的变化。

被检除颤监护仪处于待机工作方式，将心电监护仪的显示灵敏度调到（或 ×1 挡），将所有影响心电监护仪频率响应的控制装置调到最大带宽处。

除颤器测试仪输出 10 Hz（1 Hz ~ 25 Hz 内），1 mV 正弦波信号至被校仪器，如除颤器测试仪的输出信号幅度可微调，尽量使显示的信号幅度 H_0 达 10 mm 峰值。

被校除颤监护仪充至最大能量，然后对除颤器测试仪放电。记录从监护波形消失至再次出现的时间，规定放电 10s 内，应见到测试信号。

测量此时显示屏上所描记的信号幅度 H_{RC}，并计算其与 H_0 的偏离量 δ_{RC}，其值应在 ±20% 以内。

9. 除颤监护仪对充电或内部放电的抗干扰能力

由除颤器测试仪输出正弦波信号至被校仪器，分别在通过独立的监护电极输入和通过除颤电极输入情况下，观察被校仪器在充电和内部放电过程中监护波形的变化。

被校除颤监护仪处于待机工作方式，将心电监护仪的显示灵敏度调到 10 mm/mV，将所有影响心电监护仪频率响应的控制装置调到最大带宽处。

在通过独立的监护电极输入情况下，导联选择至"I"，在通过除颤电极输入情况下导联选择至"PADDLES"。

输入 10 Hz（1 Hz ~ 10 Hz）、1 mV 的正弦波信号，记录此时显示屏上所描记的信号幅度 H_0。

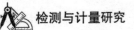

将被校仪器能量选择置于 100 J 处，充电，待充电完成后保持，等待储能装置通过被校仪器内部放电电路放电，捕捉并测量充放电全过程中显示屏上所描记的信号幅度偏离 H_0，最大者 H_D。

计算幅度偏离量 δ_D，其值应在 ±20% 范围内。

（四）校准工作中的一些经验和注意事项

除颤器放电时电压高达几千伏，所以在检测前应先观察除颤手柄有无损坏、是否潮湿。检测时最好一人进行充放电操作，不可对空气放电，也不可以将除颤电极短接而使之不经过放电负载直接放电。

由于大部分医院除颤器的使用率较低，且又缺少日常的维护，高压充电电容长期未进行充放电操作，充放电电路中隐性故障会明显化：出现高压电容击穿等现象。所以在检测时，应先向被检单位说明，以免出现争议。

另外，能量选择一定要从低能量开始，逐渐增大充电能量，必要时在低能量点多充放电几次；两次充放电之间的时间间隔也应合理控制，在校准时，两次充放电的时间间隔应在 1 min 左右。

三、医用注射泵 / 输液泵校准

（一）注射泵 / 输液泵简介

注射泵 / 输液泵是医疗用输液设备，一般由动力源、机械传动、电气控制等部件组成。它们可以通过设定某些参数（如容量、时间和流量）来精确测量和控制输液的流量和总输液量，液流线性度好，不产生脉动，同时具有声光报警等功能，能对气泡、空液、漏液和输液管阻塞等异常情况进行报警，并自动切断输液通路，实现智能控制输液。此设备广泛应用于医院 ICU、CCU、手术室、急诊科、妇科、儿科等科室。

输液泵 / 注射泵的驱动原理有蠕动、旋转挤压、双活塞挤压等多种方式，因厂家、品牌的不同而各异。多数输液泵和注射泵须使用与其相配的专用管道，以保证其流量的精确和均匀。

注射泵和输液泵没有本质区别，大体上用途相同，都是临床给病人输液用，以达到更精准和更安全给药的目的。不同之处在于，输液泵容量更大，流速范围更宽，液体类型限制更少，耗材更便宜，药物浓度低，刺激性更小，更容易做到跑针报警和输液加温等功能；注射泵小容量给药时精度更高,配药容量更灵活,更容易解决台式放置,流速脉动更小些等。

（二）医用注射泵／输液泵校准技术

1. 计量标准的工作原理

校准采用立接测量法，注射泵／输液泵检测仪串联接入输液回路。

对流速的测量，目前各种型号分析仪的检测方法各异，主要有容积测量法和光学传感器测量法。容积测量法的基本原理是依靠一个非常精确的采样泵对管道内流动液体的多次采样，从而得到精确的流速，光学传感器测量法是通过在测量管路两侧分布多对光学传感器，测量管路内的液体流动通过各光学传感器的时间来计算流动速度。

对于堵塞压力的测量，主要依靠内置的压力传感器对管道内的压力进行实时检测，并将检测数据反馈至数据处理模块计算压力值。

2. 校准项目及校准方法

输液泵和注射泵检测主要是针对输液泵、注射泵的流速基本误差、阻塞报警准确性和其他报警有效性进行检测流量基本误差，是指一定时间内注射泵／输液泵输出液体的总量与设定值的偏差。由于注射泵／输液泵设定流速相对较小，所以检测时间越长，测量出的流速值相对更加稳定和准确。阻塞报警是注射泵／输液泵最重要的异常状态报警，是在输注管路阻塞并在管路压力达到一定值时进行报警，报警的同时启动缓解管路压力、减小阻塞释放时喷出液体量的功能,注射泵／输液泵异常状态报警还包括输液完成、电源线脱落等，对于输液泵还有气泡报警，其作用是防止输液管路气泡进入病人血管。报警系统功能是否正常关系到病人治疗过程的安全。

3. 校准工作中的一些经验和注意事项

校准中应使用注射泵或输液泵生产厂指定厂商的注射器、输液管，以保证流量的准确和均匀，否则会影响测量结果。

进行注射泵流速测试时，由于液量小且物理形变对起始测量时流速精度有一定的影响，建议开始注射一段时间再开启测试仪测试程序，以减小初期测量误差。

流速的选择。在流量范围内按需要确定流量校准点数，一般不少于三点，各点尽可能均匀分布，最好包括常用流量点。

在阻塞报警测试中，选择不同流速进行测试得到的结果不同，阻塞报警设定值可依据产品说明书的标注值，应着重测试临床常用流速的数据。对于具有多级设置阻塞报警的被校设备应分别测量。

各项异常报警可保证输液过程的正常运行，在异常状态发生时，能够及时发出有效声光报警，提醒操作人员，便可认为此项报警达到要求。

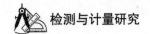

四、婴儿培养箱校准

（一）婴儿培养箱简介

婴儿培养箱采用计算机技术对箱内温度实施伺服控制，根据设置温度与实测温度进行比例加热控制，内部空气采用热对流原理进行调节，制造一个空气温湿度适宜、类似母体子宫的优良环境，从而可对婴儿进行培养和护理，用于低体重儿、病危儿、新生儿体温复苏、输液、抢救、住院观察等，是医院妇产科必须配备的一种医疗计量设备。

婴儿培养箱具有超温、风机、电源中断等故障自动报警功能。

（二）婴儿培养箱的分类

1. 空气温度控制方式工作的婴儿培养箱

培养箱中的空气温度由空气温度传感器自动控制到接近使用所设定的值。

2. 婴儿皮肤温度控制方式工作的婴儿培养箱

一种空气温度控制的培养箱，它有一个附加功能，能自动控制婴儿室的温度，使婴儿皮肤传感器测得的温度，接近于使用者所设定的温度。

3. 光疗婴儿培养箱。

4. 利用辐射热源对婴儿保暖的开放式培养箱。

5. 转送婴儿用的转送式婴儿培养箱

（三）婴儿培养箱校准技术

1. 计量标准的工作原理

采用直接测量法，温度、湿度测量时，将婴儿培养箱检测仪五支高精度温度传感器分别置于婴儿培养箱床垫中心和床垫长宽中心线划分为四块面积的中心点，高精度湿度传感器置于床垫中心，传感器放置在高出床垫表面上方 10cm 的平面上，实时采集温度、湿度信号，配合高速处理单元及嵌入式操作系统，计算并显示测量结果或通过无线蓝牙技术将测量结果传输给计算机，通过专用软件给出数据或图形报告。

风机噪声和报警声声级采用声级计或音频传感器获取。

氧分析器的校准，采用氧标准气体完成。

2. 校准工作中的一些经验和注意事项

虽然规范中要求检测的温度测量项目比较多且费时，但有很多项目在同一次测量中可以完成。

在检测时先设置 32 ℃，达到稳定温度状态后，读取 15 组数据，通过这些数据可以计算出温度偏差、温度波动度和温度均匀度。然后再倾斜床垫，检测床垫倾斜时的温度均匀度。

然后将控制温度调至 36 ℃，在显示温度接近 36 ℃时，间隔不超过 30 s 观察 A 点测量温度，记录测得的培养箱温度最大值，可以计算出温度超调量。

当婴儿培养箱达到 36 ℃稳定温度状态后，同样读取 15 组数据，通过这些数据可以计算出温度偏差、温度波动度、温度均匀度和平均培养箱温度与控制温度之差。

这样，就完成了婴儿培养箱整个温度点的校准。

五、高频电刀校准

（一）高频电刀简介

高频电刀（高频手术器），是一种取代机械手术刀进行组织切割的电外科器械。它通过有效电极尖端产生的高频高压电流与肌体接触时对组织进行加热，实现对肌体组织的分离和凝固，从而达到切割和止血的目的。

高频电刀是由主机和电刀刀柄、病人极板、双极镊、脚踏开关等附件组成的。一台性能全面的高频电刀具备进行手术等基本功能外，还有以下几项重要功能：①输出功率指示；②功率预置、调节；③病人极板检测报警；④工作音频指示；⑤输出口防误插功能；⑥手控、脚控功能。

高频电刀不仅在直视手术中，如普通外科、胸外、脑外、五官科、颌面外科得到广泛的应用，而且越来越多地应用在各种内窥镜手术中，如腹腔镜、前列腺切镜、胃镜、膀胱镜、宫腔镜等手术中。

（二）高频电刀分类

根据高频手术器的功能及用途，大致可分为以下类型：

多功能高频电刀：具有纯切、混切、单极电凝、电灼、双极电凝。

单极高频电刀：具有纯切、混切、单极电凝、电灼。

双极电凝器：双极电凝。

电灼器：单极电灼。

内窥镜专用高频发生器：具有纯切、混切、单极电凝。

高频氩气刀：具有氩气保护切割、氩弧喷射凝血。

多功能高频美容仪：具有点凝、点灼、超高频电灼。

（三）高频电刀校准技术

1. 计量标准的工作原理

采用直接测量法。高频电刀检测仪主要由 RMS-DC（有效值 - 直流）转换电路、分压电路、模 - 数转换器、计算机系统等构成。其基本原理：高频电刀的手术电极或病人极板上的信号加载到分压电路上，这个高频高压信号被分压电路转换成高频低压信号，RMS-DC 转换电路再对这个高频低压信号进行有效值 - 直流的转换，通过热电阻将射频能量转换成热能，再由热敏电阻将热电阻的温度转化成电信号，其输出的直流信号 - 数转换器转换为数字信号，进入到计算机系统的高速处理器中进行运算，得到电刀的输出功率或者漏电流。计算机系统还负责进行量程切换、参数选择和系统控制等。

2. 校准项目及校准方法

实际输出功率测置：通过直接测量被检设备输出波的高频电压（均方根），再根据测量时设置的负载阻抗计算出被检设备的实际输出功率。

负载 - 功率曲线测量：测量被检设备（设定于一定输出功率时），在不同负载电阻（10 Ω ~ 1000 Ω）下的输出功率，从而得到被检设备的负载 - 功率曲线。

高频漏电检测：直接测量高频加载、空载时手术电极、中性电极（或双极电极）的高频漏电流，连接无感电阻 200 Ω，调至最大输出额定功率，记录每个模式中最大输出高频漏电流。

3. 校准工作中的一些经验和注意事项

检测装置和高频电刀均应置放在绝缘介质上，并且不能互相接触，高频电刀分析仪的周围至少保持 15 cm 的空间，以便空气循环流动，冷却内部负载电阻器。

应进行检测前检查：查看设备接地情况，电源接地端子与机器外壳短接，辅助接地良好，查看设备电源开关有无损坏或接触不良现象。开机自检，观察高频电刀自检状态是否正常，各项声光指示是否正常。激发手术电极、脚踏开关各个控制钮，调节不同模式，查看空载工作是否正常，是否控制正常。

进行输出功率检测时，应严格按被检仪器规定的负载加载。刀笔放电时，应保证与人体至少有 30 cm 的距离，以免伤人。最好使用厂家原装附件，连接线不得互相扭结在一起，由于高频电刀的频率可达 750 kHz，建议不要使用过长的电极电缆，这样会增大高频漏电流。

六、医用诊断计算机断层摄影装置 CT 机检定

（一）CT 机简介

CT 机是计算机 X 线断层摄影机的简称，主要由 X 线、检测器、DAS 数据采集系统、交流稳压系统、扫描架、扫描床、高压柜、计算机操作系统和影像输出设备等组成，是医学诊断中不可缺少的设备，在发现病变、确定病变的相对空间位置、大小、数目方面非常敏感而可靠。

CT 机的工作原理：根据人体不同组织对 X 线的吸收与透过率的不同，应用灵敏度极高的探测器对人体进行测量，然后将测量所获取的数据输入计算机，计算机对数据进行处理后，就可摄下人体被检查部位的断面或立体的图像，发现体内相应部位的细小病变。

（二）CT 机分类

1. 普通 CT 机

第一、第二代 CT 机属于此类，采用电缆供电，球管不能连续旋转，在完成一圈扫描后，球管必须逆向旋转 360 度，然后才能进行下一层扫描等，CT 每次扫描都必须经过启动、加速、均速、取样、减速、停止等几个过程，大大限制了扫描速度，目前已基本淘汰。

2. 螺旋 CT 机

第一、第二代之后的 CT 机，采用滑环技术，使球管能连续旋转，同时，检查床也可以一定的速度前进和后退，这样的 CT 机扫描速度快，所得到的扫描数据分布在一个连续的螺旋形空间内，因此称为螺旋 CT。随着螺旋 CT 探测器个数和排数的增加，扫描切层越来越薄，图像质量越来越好。

（三）CT 机检定技术

CT 机计量检定包括两方面：一个是 CT 的 X 射线输出剂量的检定，另一个是 CT 图像质量的各种计量参数的测量。

X 射线剂量检测仪用于 X 射线剂量指数的测量，由长杆电离室、积分剂量仪组成。

X 射线剂量检测仪的工作是利用 X 射线辐射产生电离电荷的原理，将长杆电离室放入 CT 机的 X 射线辐射场，在 X 射线辐射下，X 射线光子与电离室材料相互作用产生次级电子，次级电子引起电离室空腔内空气电离，其电离电荷经电离室收集极收集（一般在收集极和空腔室壁材料之间加有 200 V ~ 300 V 的直流电压），将会在积分剂量仪的电容器

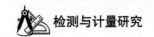

上形成电压，经积分剂量仪电测电路放大、运算、数据处理，从而获得 CT 机的 CT 剂量指数。

CT 性能检测模体用于测量 CT 图像的各种计量参数。目前，普遍采用 Catphan500CT 性能检测模体，该模体包括四个检测模块：CTP401 层厚、CT 值线性与对比度标度模块，CTP528 高对比度分辨力模块，CTP515 低对比度分辨力模块，CTP486 场均匀性、噪声模块，每个模块均包含了定值插件，通过扫描模块中的插件，对形成的图像参数进行测量，就能对影响 CT 机图像质量的各种计量参数如层厚、CT 值线性、高对比度分辨力、低对比度分辨力、图像均匀性、噪声等进行评价。

（四）检定工作中的一些经验和注意事项

CT 机的检测对评定机器性能及诊断的意义重大，主要有以下几点：

1. 均匀性检测

评定 CT 机整个扫描野中，均匀物质的影像，其 CT 值是否一致。均匀性大幅度超标，表明 X 射线的稳定性不好或检测器等硬件老化程度不均匀。

在诊断上，虽然见不到明显伪影，但会将无病灶诊断为有病灶，有病灶诊断为无病灶和对病灶的组织学上的误诊。

2. 噪声水平的检测

评定 CT 机均匀物质的影像中，给定区域的各 CT 值对其平均值的变化。如果噪声水平超标，会使我们获得的影像不理想，会掩盖或降低对图像中某些特征的可见度。

CT 机在临床使用时，剂量选择不合理会对噪声水平造成影响，提高 X 射线剂量将有助于降低噪声水平，但同时也提高了给定人体的 X 射线剂量，因此，噪声水平的选择必须适合于特定的体征及病人横断面。CT 机在使用过程中选择最佳的噪声水平，才能确保诊断准确性和不损害患者的器官组织。

3.CT 值的检测

评定 CT 机 X 射线衰减数是否线性。CT 成像规定了水和空气的 CT 值，只有当这两个标准点的误差及噪声水平满足一定的要求时，CT 机的工作状态才能得到保证。

CT 值与人体组织密度成线性分布，是正确反映组织密度和分析判断人体脏器组织成分的一种重要参数。在 CT 诊断学上，明确规定了人体不同组织的 CT 值范围和一些典型病灶的 CT 值范围。CT 值的准确与否对诊断十分有意义，要经常做校准。

4. 层厚的检测

检测 CT 机的标称层厚与实际断层切片厚度之差，如果超标，在两个断层中间会重叠扫描或漏扫。如果重叠扫描，会增加患者接受辐射剂量；如果漏扫，其间的小病灶就有可能漏诊。同时，层厚准确涉及临床解剖学。层厚太小，空间分辨力提高，但低对比分辨力会降低。可用改变进床量的方法，配合实际扫描层厚来修正层厚差的超标。

5. 低对比分辨力（低密度分辨力）检测

评定 CT 机区分最小密度差的程度和区分最小衰减系数差的程度，以及在这个程度下，CT 机有分辨出多大尺寸微小细节的能力。在诊断上，能确定出同一组织中密度相近的带有清晰边缘的最小病灶。特别是肝脏内，组织密度相近的病变。

低对比分辨力与 X 射线的剂量有很大关系，改变 CT 机的扫描条件，升高 CT 机扫描电流，可提高低对比分辨力。

6. 空间分辨力（高对比分辨力）检测

物体与背景在衰减程度上的差别与噪声相比足够大的情况下，物体相对于背景具有高对比度时，CT 机成像时分辨不同物体的微小细节的能力。与 CT 机检测器的几何尺寸、排列间距、图像重建软件及像素多少大小等参数有关，也与管球和检测器老化程度有关。

高对比分辨力评定 CT 机性能的优良程度，能检查出边缘清晰、同其组织密度相差较大病灶的最小尺寸和体内异物的最小尺寸。改变 CT 机的扫描条件，升高 CT 机的扫描电压，可提高空间分辨力质量。

七、医用超声诊断仪检定

（一）医用超声诊断仪简介

医用超声诊断仪也就是人们常说的医院用来给病人普遍使用的一种检查设备——B 超。它用于心、脾、肝等常规检查，也可用于体检以及胎儿发育情况的检查。它是集声学、医学、电子机械、计算机、功能材料等多门科技成果于一身的复杂系统。

B 超是利用探头向人体组织发射超声波，同时将人体各种组织发射的超声波接收还原显示在特定的显示器上形成图像后，由医师辨别人体器官是否发生病变。它于人体无损伤，准确率高。因此，被广泛地应用在医学临床疾病的检查和诊断上。

（二）分类

1. 普通 B 超

通过超声探头测得的图像是黑白的。

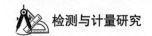

2. 彩色 B 超

利用彩色多普勒超声波探测诊断技术，观测到的图像以红、蓝两色为主，面向探头的呈现红色，反之为蓝色。这种技术能够观测到血液流动情况。

3. 三维 B 超

普通 B 超和彩色 B 超都是二维平面图像，随着计算机技术的发展，又出现了三维 B 超，可以将二维图像合成模型。

4. 四维 B 超

是目前世界上最先进的彩色超声设备。四维超声技术是新近发展的技术，四维超声技术就是采用三维超声图像加上时间维度参数。

（三）检定技术

1. 超声功率计利用测量辐射压力法测量超声功率

在小振幅平面超声场中，两种媒质交界面上的辐射压力，其值等于交界面两侧媒质声能密度的差值。该辐射压力可以用一个置于超声场中的靶来测得，超声源所辐射的总声功率可由作用于全反射靶上的辐射压力求得。

超声功率计反射靶及其支架悬挂在一个平衡支点上，该支点设计的阻力非常小，忽略为零，通过调整，可以使反射靶及支架处于平衡位置，反射靶、支架及支点构成单臂天平。当天平处于平衡位置时，位移传感器输出平衡位置位移，数据处理电路将该位移作为初始位移记录下来。当超声换能器发出的声波辐射于反射靶上，反射靶受到超声压力的推动而偏离平衡位置，位移传感器检测到支架的偏移信号后，将位移信号送往数据处理电路。数据处理电路经过与初始位移比较、分析后输出一个正比于偏移位置大小的电流信号。流过线圈的电流在永磁体作用下产生反向电磁推力。该电磁推力将支架推回平衡位置，这样就使天平装置始终处于自动控制的动平衡状态之中，只要辐射于反射靶的超声压力稳定，流过线圈的电流就处于稳定状态。电磁力大小正比于线圈中的电流，所以测量线圈中的电流大小即可算出辐射力大小。

2. 仿组织超声体模用于测量 B 超图像的计量参数

仿组织超声体模是模拟人体软组织平均声学特性的实体物理模型，其核心部分包括作为标准传声媒质的超声仿人体组织材料和嵌埋于其内的多项高精度定位线靶群及肿瘤、囊肿、结石三种典型病灶的模拟物。B 超探测体模中的模拟物，对形成的图像参数进行测量比较，就可考察评价 B 超的成像质量。

（四）检定项目及检定方法

1.分辨力、盲区、几何位置误差、病灶直径误差的检定

将被测仪器的探头置于涂有耦合剂的模块声窗上，调节被检仪器总增益、TGC、对比度、亮度，要求影像通过相应的调节达到最佳显示，用来判断被检仪器的各项指标，因此，人为因素非常大，操作时动作要轻缓细致，手眼合一。此外，被检仪器扫描方式的不同，误差也有较大不同。扇形扫描的仪器有许多存在远场图像变形，本应是点状亮点，变形为线段，使用电子光标测量时要格外注意，取线段的中点为测量点。测量盲区时，要注意使探头缓慢来回平移，以利于判断。测量病灶直径误差时，要使电子光标外切于病灶。

2.探测深度的检定

手持探头对准纵向靶群并保持声束扫描平面与靶线垂直，要求图像通过相应的调节达到最佳显示。对具有动态聚焦功能的仪器，令其置于远场聚焦状态，读取纵向靶群图像中可见的最大深度。

（五）输出声强的检定

将毫瓦级功率计放置平稳并调整水平泡至中心位置，打开靶位，把除气蒸馏水缓慢注入消声水槽至水位线刻度处冻结被检仪器图像，将待检探头固定在水槽中的相应位置，功率计调零，解冻图像，读出功率计读数，连续测量不少于三次，取其算术平均值，根据配置探头有效辐射面积计算输出声强。此项检测中应注意的是：由于超声波也是一种能量，在用超声诊断仪做孕期检查时，如辐射剂量过大，会对早期胎儿不利，所以对超声诊断仪的输出声强有严格要求，不应超过 $10\ \text{mW/cm}^2$，对于输出声强超过 $10\ \text{mW/cm}^2$ 的超声诊断仪，要求严禁用于孕产妇患者。

（六）漏电流的检定

将漏电流测量仪两支表笔，分别接在被检仪器地线和涂有导电膏的铜板上，探头置于导电膏上，接通被检仪器电源，读出漏电流，冻结图像；将两支表笔反接，解冻图像，读出漏电流，取较大值作为被检仪器漏电流值。

（七）检定工作中的一些经验和注意事项

1.检定中被检仪器状态的设置

在 B 超的图像质量检测中，状态调节即探头操作和有关键钮位置对检测结果具有决

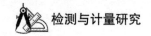

定性的影响。

（1）空间分辨力

理论和实践都表明，空间分辨力（特别是侧向分辨力）表现对被检仪器增益、聚焦调节以及亮度和对比度等因素依赖性最大。声束聚焦(可调者)设定在所测靶群所在深度附近，在高对比度条件下，以降低增益为主，并以降低亮度相辅助，隐没TM材料的背向散射光点，并保持靶线图像清晰可见，读取所能分辨的最小靶线间距。再者，由于多种因素的影响，近场的侧向分辨力表现常呈多值性，为取得最佳结果，特别规定允许探头横向平移和轻微俯仰。但这种多值现象在高档机型上要轻微得多。

但是，理论和实践同样表明，轴向分辨力表现对仪器增益的依赖程度要低得多。基于这一理由，在检测1 mm的轴向分辨力时，如果由于遮挡效应而导致看不到分辨力靶群轴向分支中的最下面一条靶线，可在完成同一靶群处侧向分辨力检测后，将增益适当调高，再观察轴向分辨情况。

还须说明的是，近年来，有的进口B超仪器中加入了称为"自然组织谐波成像"的新技术，图像质量有较明显提高，在检定时应允许采用，判决时则按仪器的标称频率划分。

（2）探测深度

系指仪器尽其能力探测到的最大深度，规程中要求的条件是，采用高增益和高对比度，提高亮度但以不出现光晕散焦为限，聚焦（可调者）置远场或全程，读取纵向靶群中所能看到的最大深度靶线所在深度。对机械扇扫、凸阵和相控阵探头，检定时须以其顶端对准纵向靶群。

（3）盲区

检测时，应采用低增益，抑制背景图像，凸显盲区靶线，并采用近场聚焦。需要注意的是，在机械扇形、凸阵和相控阵扫描时，由于图像的起始部分很窄，不能在一幅图像中涵盖盲区的所有靶线。为此，检测时应采取"走着瞧"的办法，将盲区靶线逐一收入画面。

（4）几何位置示值误差

检测时，应采用中等偏低增益，抑制背景图像，显示尽可能多的纵横向靶线。

检测时，必须按20mm分段，不可累积或差减读数。

（5）囊直径测量

应采用与临床相当的中等增益，取得柔和画面，防止因增益过高产生的充入（TM材料的背向散射光点挤入无回波区，使其直径变小）现象。需要注意的是，该项目的检测结果仅作为参考，不做判据。

2.检定中应注意的一些问题

（1）区分仪器档次

按照仪器的构成和功能，将其划分为 A、B、C、D 四个档次，"对号入座"，分别评价。档次应由检定人员依据现场观察和向医生垂询获得的必要信息做出判断，不属于仪器的外部标识内容。

彩超即彩色多普勒血流成像系统为 A 档，但切不可将伪彩色显示的 B 超仪器与之混淆。

具有频谱多普勒功能，可检测血流速度的高档黑白 B 超仪器为 B 档。

具有图像冻结和电子游标测距功能（区别于 D 档），但不具有频谱多普勒功能（区别于 B 档）的便携和推车式 B 超仪器为 C 档。

不具有图像冻结和电子游标测距功能的最简单 B 超仪器为 D 档，现已无生产。

还须指出的是，对彩超仪器，有效性指标只涉及其二维灰阶（黑白）图像的检测，而声电安全性指标检测则包括灰阶与彩色血流两部分。

（2）区分扫描方式（探头类型）

线阵和曲率半径 R ≥ 60 mm 的凸阵归为一类，机械扇扫、相控阵和 R < 60mm 的凸阵归为另一类，对其图像指标分别评价。故现场记录中，除探头类型外，对凸阵还必须注明其曲率半径，其典型值为 R76、R60、R40、R30、R20、R10 等。

（3）区分工作频率

按探头的标称频率（MHz）分为四段（包括 $f \leq 2.5$、$2.5 < f \leq 4$、$4 < f \leq 5$ 和 $5 < f \leq 7.5$），分别评价。值得注意的是，以往探头只有一种标称频率，而现在则要复杂得多，考虑到其数值将载入记录和证书，且要根据它"对号入座"地对被检仪器做出判决，特提出频率值的取法：对只有一种标称频率的探头，通常有标签贴在探头外壳上，直接抄录即可。对变频探头和宽频探头，其工作的中心频率可借助操作面板上的专用按键予以选择，具体数值，须视探头覆盖的频带而定，但最终选定值应与规程中分段对应，并在每个选定频率下检测输出声强和图像指标。

（4）区分靶群深度

在有效探测深度范围内，对轴向、侧向分辨力，实行全程检测，分段评价。

参考文献

[1] 安平 . 几何和空间尺寸计量原理与检测技术 [M]. 哈尔滨：黑龙江大学出版社 ,2021.

[2] 赵京鹤，常化申 . 互换性与技术测量 [M]. 武汉：华中科学技术大学出版社 ,2021.

[3] 徐英辉 . 电能计量设备用电池检测技术 [M]. 北京：电子工业出版社 ,2021.

[4] 贺晓辉，张克 . 压力计量检测技术与应用 [M]. 北京：机械工业出版社 ,2021.

[5] 曾吾 . 力学计量 [M]. 北京：国防工业出版社 ,2020.

[6] 曹锁胜 . 力学计量 [M]. 北京：中国标准出版社 ,2020.

[7] 姚明，李俊，夏燕 . 力学与计量 [M]. 北京：中国建材工业出版社 ,2020.

[8] 王晓伟 . 化学计量测试技术 [M]. 郑州：河南人民出版社 ,2019.

[9] 寿永祥，张毅，刘庆 . 化学计量器具建标指南 [M]. 北京：中国标准出版社 ,2019.

[10] 代晓东，王华，王晓涛 . 油气计量 富媒体 [M]. 北京：石油工业出版社 ,2019.

[11] 陆渭林 . 计量技术与管理工作指南 [M]. 北京：机械工业出版社 ,2019.

[12] 吕金华，闫立新，肖利华 . 力学计量器具建标指南 JJF 1033–2016 计量标准考核规范
实施与应用 [M]. 中国质检出版社 ,2019.

[13] 赵太强，张雷 . 供热计量主体仪表之电磁式热量表概述 [M]. 长春：吉林科学技术出版
社 ,2019.

[14] 陆渭林 . 计量技术与管理工作指南 [M]. 北京：机械工业出版社 ,2019.

[15] 李九生，孙青 . 太赫兹计量及关键器件 [M]. 北京：科学出版社 ,2019.

[16] 周海 . 医疗器械管理与计量检测 [M]. 西安：陕西科学技术出版社 ,2019.

[17] 吕金华，闫立新，肖利华 . 力学计量器具建标指南 JJF 1033—2016 计量标准考核规范
实施与应用 [M]. 中国质检出版社 ,2019.

[18] 卜雄洙，朱丽，吴键 . 计量学基础 [M]. 北京：清华大学出版社 ,2018.

[19] 张青春，纪剑祥 . 传感器与自动检测技术 [M]. 北京：机械工业出版社 ,2018.

[20] 张功铭，赵复真，刘娜 . 比率计量学理论与实践 [M]. 中国质检出版社 ,2018.